胡椒
安全生产技术指南

邬华松　主　编

郑维全　杨建峰　副主编

中国农业出版社

图书在版编目（CIP）数据

胡椒安全生产技术指南/邬华松主编．—北京：中国农业出版社，2012.1
（农产品安全生产技术丛书）
ISBN 978-7-109-16332-4

Ⅰ.①胡… Ⅱ.①邬… Ⅲ.①胡椒—栽培技术—指南 Ⅳ.①S573-62

中国版本图书馆 CIP 数据核字（2011）第 249877 号

中国农业出版社出版
（北京市朝阳区农展馆北路 2 号）
（邮政编码 100125）
责任编辑 阎莎莎 张洪光

中国农业出版社印刷厂印刷 新华书店北京发行所发行
2012 年 1 月第 1 版 2012 年 1 月北京第 1 次印刷

开本：850mm×1168mm 1/32 印张：3.125 插页：2
字数：71 千字
定价：10.00 元

公益性行业（农业）科研专项《热带特色香辛饮料作物产业技术研究与示范》
国家星火计划项目《特色热带香辛饮料作物高效生产技术集成与示范》
资助

前言

胡椒是世界上重要的香辛料作物，也是人们喜爱的调味品，已被广泛应用于食品、现代制药和军事等领域。我国于1947年开始引种胡椒，并获得成功。目前，我国已成为世界胡椒主产国之一，海南是我国胡椒主产区，胡椒已发展成为海南农村人口收入的重要产业，也是我国热区农民收入的重要经济来源。

胡椒在国际香料生产贸易中的地位也越来越重要，年平均出口量达30万吨以上，为国际贸易总量较大的农产品之一，且随着其应用价值不断发掘，贸易量呈不断增加的趋势。在科研方面，各主产国相继成立了胡椒研究机构和国际组织（国际胡椒协会），针对胡椒安全生产技术开展深入研究及广泛交流。当前，我国胡椒生产已由数量型向质量型转变，发展胡椒安全生产已是大势所趋。发展胡椒安全生产，首先要了解和掌握胡椒安全生产的知识和技术，并要进行标准化生产。因此，编写简明实用、通俗易懂、内容系统全面、针对性强的《胡椒安全生产技术指南》一书是生产者和读者所需。

本书是作者在胡椒科研成果和生产实践基础上，参阅大量国内外相关资料编著完成的。全书内容以胡椒安全生产为前提，包括安全栽培技术和产品初加工技术，兼顾内容的系统性和完整性。内容力求简明实用，并配以图片，以期为从事胡椒生产经营、技术推广、科学研究、农产品质量安全管理的人员，以及相关专业的大、专院校师生提供有益的参考。

邬华松

2011年10月

目 录

第一章 胡椒安全生产技术概况

第一节　概　　述

胡椒（*Piper nigrum* L.）是胡椒科（Piperaceae）胡椒属（*Piper*）多年生常绿藤本植物，是世界上重要的香辛料作物。胡椒的种子含有挥发油、胡椒碱、粗脂肪、粗蛋白等成分，是人们喜爱的调味品；在医药工业上可用作健胃剂、解热剂及支气管黏膜刺激剂等，可治疗消化不良、寒痰、咳嗽、肠炎、支气管炎、感冒和风湿病等，深加工产品胡椒油、胡椒油树脂和胡椒碱等是制药行业多种药物的必需原料和中间体；在食品工业上可用作抗氧化剂、防腐剂和保鲜剂；经过生物工程改造后，可广泛应用于现代制药、戒烟、戒毒和军事等领域。随着科技的发展，胡椒的食用和药用价值将不断拓宽，需求量也将日益增长。

胡椒是多年生作物，一般种植后2～3年即开始有少量收获，3～4年后开始进入盛产期，经济寿命可达20年以上，年产量达

图1-1　管理良好的胡椒园

1 500～2 250 千克/公顷（白胡椒，以下同），管理良好的胡椒园年产量可达 3 750～4 500 千克/公顷，小面积甚至达到 7 000～10 000千克/公顷（图 1-1）。

一、国内外胡椒生产概况

胡椒原产于印度西高止山脉的热带雨林，早在 2 000 年前已有栽培，后来传入马来群岛、斯里兰卡和印度尼西亚，现已遍及亚洲、非洲、中南美洲的 40 多个国家，其中多数是发展中国家。主要生产国为印度、越南、巴西、印度尼西亚、中国、马来西亚，种植面积和产量均占世界胡椒种植总面积和总产量的 85%以上。

我国胡椒最早引种于 1947 年，现已遍及海南、广东、广西、云南和福建等省（自治区），种植面积近 40 万亩[①]，年总产量近 4 万吨，种植面积和年产量分别居世界第六位和第五位。其中海南是主产区，种植面积和产量均占全国的 90%以上，目前海南胡椒已发展成一个年均产值超过 10 亿元、关系 100 万以上农村人口收入的重要产业。其产业的发展也得到国家领导人的特别关注，海南省政府亦将胡椒产业发展列入了海南省发展的重点工作。胡椒产业已成为海南省农业规划确定的发展重点及我国热区农民经济收入的重要来源。

二、胡椒的生物学特性

胡椒植株在高温潮湿地区生长茂盛，自然状态下生长高度可达 7～10 米。在生产上，一般让胡椒植株攀爬在一根支柱上，将其高度控制在 2.5～3 米，通过整形修剪等技术措施促使植株树冠成为圆筒形，冠幅达到 120～160 厘米。也可以槟榔、厚皮树

① 亩为非法定计量单位，15 亩=1 公顷。——编者注

等树体做支柱，一般高度控制在 5 米左右。除单作外，胡椒可与椰子、槟榔、橡胶等生产期长的作物间种，从而达到增加复种指数、提高土地利用率以及以短养长、生产良好、经济和社会效益双收的目的。

（一）根

生产上种植的胡椒多采用无性繁殖的插条苗，因此没有真正的主根，其根系由骨干根、侧根和吸收根组成，垂直分布在0～60 厘米深的土层内，以 10～40 厘米土层最多，深的可达 1 米以上。

（二）蔓

胡椒藤也叫做蔓，按栽培技术措施的整形要求保留的几条攀缘于支柱上生长的蔓叫主蔓。胡椒的蔓近圆形，略有弯曲，蔓基部粗一般在 3.5～5 厘米；蔓上有节，在节出现 10～15 天后，便可长出气生根，气生根形状如手指，粗约 1 厘米，长 0.5～3 厘米，数量为 10～50 条；蔓节上的叶腋有休眠芽，当生长受到抑制或水肥充足时，休眠芽便萌动长出新蔓，并在基部两侧形成两个新的休眠芽。

（三）叶

胡椒的叶呈椭圆形、卵形或心形，全缘单叶交互生长。胡椒叶刚开始抽生时因品种不同而呈现出紫红色、古铜色或黄绿色，叶面深绿有光泽，叶背浅绿色，具掌状脉，有 1 条明显主脉，侧脉多从近叶基部发出，一般有 3 对。叶柄短（1～2 厘米），托叶 2 枚，膜质，联合成鞘状，贴生于叶柄上并包住芽顶，当芽抽生后，嫩叶展开，托叶即枯萎脱落。

（四）花

胡椒的栽培品种一般为雌雄同花，但也有少数品种为雌雄异花。胡椒的花序为穗状花序，着生于枝条节上叶片的对侧，初抽出时较直，淡绿色，开花时为淡黄色。花穗长6～12厘米，有的长达15厘米以上，上面着生30～150朵小花，呈螺旋式排列。雌蕊卵圆形，子房上位，柱头3～4裂，初期为白色，受精后变成暗褐色。雄蕊1～2枝，着生于雌蕊的两侧，花丝短，其上有2个卵圆形的花药。胡椒每抽生一片叶都会连带抽生一串花穗，因此在我国特别是在海南，胡椒一年四季都可抽梢开花，但主花期分别集中于春季（3～5月）、夏季（5～7月）或秋季（9～11月）。一般秋花成果率高（60%～70%），春花成果率低（40%～50%）。

三、胡椒生长发育对环境条件的要求

胡椒原产于热带雨林，属常绿藤本植物，根系浅，对光、温、水、风、土壤等条件的要求较高。

（一）温度

温度是胡椒生长和分布的限制因素。目前，世界胡椒多分布在南纬20°至北纬20°之间，在此范围内，年平均气温大约在25～29℃，月平均温差不超过3～7℃。从中国胡椒栽培分区看，平均气温在21℃的无霜地区，胡椒都能正常生长和开花结果。而以年平均气温25～27℃最适宜。温度过高、过低都不利于胡椒生长。月平均气温低于18℃时，胡椒生长缓慢，低于15℃时，基本停止生长。绝对低温小于10℃时，胡椒嫩叶将受害。日绝对温度低于6℃，持续2～3天，嫩蔓、嫩枝受害而断顶。极端低温2℃以下，凝霜，就会导致枝节脱落、蔓枯、落果。

植株耐低温能力与降温幅度大小、环境、树龄及管理情况有关。气温陡降，温差大者，植株易受害，静风或避风环境较迎风地区受害轻。成龄胡椒较幼龄胡椒不易受害。抚育管理好、长势壮、冬前施用钾肥且有防寒设施的，都可减轻植株的寒害。因此，在气温较低的地区种胡椒，应特别注意椒园小环境的选择。选好防护林，加强大田管理，采取防寒措施，就可减轻或避免低温寒害。

温度过高，对植株亦不利。气温高于 35℃时，植株生长受到抑制，高于 39℃，嫩叶受害。地表温度高于 35℃时，植株生长受到抑制，高于 39℃时，嫩叶受害。地表温度高于 52.5℃时，幼苗蔓枝被灼伤，重者导致植株死亡。因此，幼龄椒园应特别注意保持荫蔽和覆盖。

（二）降水量

胡椒最忌积水，但要求充沛而分布均匀的降水量。降水量过于集中，土壤含水量过多，排水不良，对胡椒生长不利。月降水量大于 1 000 毫米或大于 500 毫米持续 3 个月以上，或大于 300 毫米持续 5～6 个月，椒园积水，都易造成植株水害烂根，引起胡椒瘟病的发生和流行，致使植株大量死亡。一般土壤含水量 30%时，胡椒生长较好，低于 21%时，生长受到抑制，高温干旱，土壤含水量低于 18%时，轻者植株生长不良，叶片褪绿，影响开花结果。果实皱缩，脱落，造成减产，重者植株枯蔓死亡。中国胡椒主要种植区年降水量一般在 1 500～2 500 毫米之间，少数地区 1 000 毫米以下，且分布不均匀，因此必须抓好排灌及水土保持工作，才能使胡椒获得速生高产。

（三）风

胡椒为藤本植物，攀缘生长，蔓枝脆弱，抗风力差，要求静风环境。常年风大的地区，植株嫩叶损破，蔓枝易扭伤，影响生长，强台风则吹断枝蔓、叶片或吹倒支柱、扭伤主蔓，造成蔓枯死亡或招致病害发生。一般年平均风速 3 米/秒以下，胡椒可正常生长，以 2 米/秒以下生长最好。年平均风速大于 3 米/秒，植株生长受影响。因此，在建立胡椒园时，应按规则，注意保留和营造防风林，做好防风工作。在常年风大或易遭台风袭击的地区，为保证胡椒正常生长，最好先造林后种植胡椒。

（四）光照

胡椒对光照的要求因品种和年龄而异，多数栽培品种不需要荫蔽。但也有少数品种需要荫蔽。幼龄胡椒，特别是一年生植株需要适度的荫蔽（以30%～40%的荫蔽度为宜）。成龄植株则需要充足的光照，才能正常开花结果。过于荫蔽会使植株营养生长旺盛，枝条徒长，叶片宽大，组织不充实，抽花穗少，产量低。因此，营造防风林不宜过于靠近胡椒园（一般距植株5米左右），使用活支柱者，要定期修枝，使植株通风透光，以保证产量。阳光过于强烈，植株生长亦受影响，叶片、果易被灼伤。

（五）土壤和地形

胡椒多栽培在海拔500米以下的平地和缓坡地，以土层深厚，土质疏松，排水良好，pH5.5～7.0，富含有机质的土壤最适于植株的生长发育。从中国主要植椒区的胡椒生长情况来看，排水良好的沙壤土最好，植株生长快，结果多，病害少，寿命长。排水不良和低洼地，胡椒易发生水害和瘟病，碱性大的土壤也不宜选作胡椒园。多数植区的土壤条件，完全符合胡椒生长要求的不多。因此，要获得胡椒的速生高产，必须进行大量的土壤改良工作，特别是要改良土壤的排水性能。

（六）胡椒叶片的光合作用与环境条件的关系

据研究，胡椒光合作用的大小与光照的关系是呈单峰曲线变化的，光补偿点为100勒克斯、光饱和点为25 000～50 000勒克斯；胡椒光合作用的大小与温度的关系也是呈单峰曲线变化的，最适宜的温度为25℃。一年之中由于温度以及光照强度等关系的影响，以4～6月胡椒光合作用强度较低，但此时正是海南胡椒结果灌浆、发育膨大的关键时期，因此应注意抗旱喷灌，以保持椒园的空气湿度、降低椒园环境温度，提高土壤含水量，改善胡椒光合作用的环境条件，提高光合效能，增加胡椒的果实千粒重，提高胡椒产量。在低温季节，一日之中胡椒光合强度高峰值出现在12～14时或14～16时，除了温度低外，光照不足是其主要原因之一，因此应加强椒园的修剪工作，以改善光照条件，提高胡椒的光合作用。

四、中国胡椒适宜区划分

根据胡椒对环境条件的要求和中国植椒区的自然环境特点，可将中国植椒区划分为以下几个类型。

（一）最适宜区

年平均气温24℃以上（云南23℃以上），最低气温小于（或等于）2℃出现的几率为零。年降水量2 000毫米以上。海南岛东部属于该类型，包括文昌南部、琼海、万宁。该区域高温多雨，一般没有寒害，胡椒产量高，但降水量集中，风害严重，胡椒易发生瘟病、细菌性叶斑病和水害。必须营造防护林，搞好排水系统和加强病虫害的防治工作。

（二）适宜区

年平均气温22～24℃（云南21～23℃），最低气温低于（或等于）2℃出现的几率为0.1%～10%，年降水量为1 500～2 000毫米，该类型又可划分为以下几个区域。

1. 海南岛适宜区 分布在海南五指山的北部和南部。包括文昌北部大部分地区、琼山、定安、屯昌、澄迈、临高、儋州、白沙西北部、昌江中部、东方东南部、乐东东北部、保亭南部、三亚北部、陵水，本区胡椒一般能安全越冬，土壤肥力较高，胡椒生长良好。但东部近海区常年风力较大，台风也较多，应加强营造防护林。

2. 粤西适宜区 分布在广东西南部，包括雷州半岛和茂名市的高州、化州、电白等县。本区水热条件能满足胡椒生长发育需要，产量也较高。但雷州半岛的西半部年降水量在1 400毫米以下，加之土壤贫瘠，因此不宜种植。此外，本区每年冬季有寒潮侵袭，因此低温寒害是本区胡椒生产的不利因素，但只要选择好避寒小环境和加强胡椒园的基本建设和管理，一般均可获得较高产量。

3. 滇南、滇西南和滇东南适宜区 滇南（西双版纳）适宜区和滇西南适宜区年均温度为21～22℃，年降水量1 200～1 500毫米，最低气温低于（或等于）2℃出现的几率低于5%，其中孟定极端最低温度高于2℃。越冬条件好，但冬季较旱。

滇东南适宜区包括河口、金平、绿春等县的低热河谷或盆地。本区热量丰富，年均温度高于22℃，年降水量1 600～1 800毫米，旱季较短。

云南的三个适宜区，水热条件适宜，除孟定有阵性大风外，其余地区静风多，土壤自然肥力较高，胡椒生长好。但其中河口平流降温较频繁，阴雨天气较多，对胡椒安全越冬不利；其他地区在个别严寒年份，也有寒害，应注意防寒。孟定地区还要注意防风。

（三）次适宜区

年平均气温20～22℃（云南：19～21℃），最低气温2℃出现的几率为10.1%～20.1%，年降水量1 000～1 500毫米。可分为以下几个区域。

1. 琼西南部次适宜区 位于海南西南部，包括儋州西部、昌江西北部、东方西部、乐东西南部、三亚南部，该区多数地方极端最低温在5℃以上，热量丰富，越冬条件十分优越。但该区干旱突出，又无灌溉条件，土壤多为肥力低的燥红土。胡椒生长受到很大的抑制，因此要注意选择靠近水源的地方种植和改良土壤提高肥力。

2. 琼中部次适宜区　包括白沙东南部、昌江南部、保亭北部。该区处于五指山区，海拔较高，冬季辐射降温明显，气温低，当北方冷空气入侵时，易在山间盆地停滞，因此本区种植胡椒应注意选择防寒小环境和采取防寒措施。

3. 桂南、粤西北部次适宜区　位于广西南部和粤西北部，包括高州和化州的北部、阳江、阳春、信宜，广西的北流、陆川、博白（丰产胡椒园每公顷可产干椒5.625吨）、合浦和防城。本区夏季水热条件好，但冬季常有寒潮侵袭，低温阴雨天气长，胡椒每年都有不同程度的寒害。要选择避寒小环境种植和采取防寒措施。

4. 粤东、闽南次适宜区　位于广东东部和福建南部，包括广东的海丰、陆丰、惠来、普宁、潮阳、澄海、饶平和福建的招安、云霄等地。本区北部和西北部有较高的山地屏障，东南部受海洋气候影响，年均温度达21～22℃，冬季降温较粤西次适宜区平缓，大部分地区最低气温低于（或等于）2℃出现的几率在20%以下，年降水量1 400～2 100毫米，雨量充沛，旱季较短。土壤以自然肥力较低的赤红壤为主。生态环境条件基本满足胡椒正常生长和开花结果需要。丰产胡椒园每公顷产量可达0.75吨以上。本区的寒害、风害较严重，须选择避风、避寒的小环境种植，同时采取防风防寒措施，受害后加强管理才能获得较高产量。

5. 云南沅江河谷次适宜区　位于云南沅江河谷地区，包括沅江县和新平县的漠沙等地。该区年平均气温23.7℃，热量丰富。但偶有低温寒害，且降水量少（沅江只有800毫米左右），应注意适宜栽植地的选择。

6. 滇西南次适宜区 位于云南南部，包括澜沧、景谷、双江、云县、永德、镇康、盈江、陇川、瑞丽的低热河谷或盆地以及六库以南的怒江河谷。大部分地区年均温度20℃左右，虽较少有寒潮影响，但辐射降温强烈，全年热量较低。年降水量仅1 000～1 500毫米（其中潞江坝仅750毫米），旱季较长。潞江坝年均温较高（21.5℃），但最低温低于（或等于）2℃出现的几率大于20%。大部分土壤为赤红壤，潞江坝则多为燥红土。

本区水热条件基本满足胡椒正常生长和开花结果需要，但在寒害年份，胡椒受害严重，旱季也较长，应注意选择避寒环境，加强防寒措施和旱季灌水等。

（四）不适宜区

指年均温度低于20℃，最低气温低于（或等于）2℃出现的几率大于20%，年降水量小于1 000毫米的地区。包括海南中部海拔较高、平均气温低的地区以及近海沙地；云南西南部海拔1 000米以上、东南部800米以上，年均温度低于20℃的地区。

第二节 胡椒安全生产技术概况

随着胡椒生产发展的需要，各主要产椒国都比较重视胡椒的科研开发，对胡椒抗病品种选育、高产栽培、肥料试验、叶片营养诊断和主要病害防治技术等进行了广泛的研究，提出了一些胡椒安全生产技术。

一、国外胡椒安全生产技术概况

印度、印度尼西亚、马来西亚等国开展了胡椒良种选育工作，印度选育出了高产品种KS-14、KS-27、Panniyur 1～7，其中Panniyur 2产量达2 570千克/公顷；马来西亚沙捞越运用杂交的方法得到一些具有一定抗性的材料。马来西亚研究了胡椒植株干物质产量和主要养分含量，提出了胡椒营养指标参考值，及以控制氮磷比率作为调整施肥的指南。日本研究了幼龄胡椒不同生育期的养分吸收量，并确定了胡椒定植初期氮、磷、钾等的施用量。印度等国提出了椰子、咖啡等作物间作胡椒的栽培模式，改善了胡椒长期单一种植的模式。

二、国内胡椒安全生产技术概况

中国热带农业科学院香料饮料研究所从国内外收集了 26 份胡椒种质资源，并调查了我国野生胡椒种质资源分布状况，筛选出我国主栽胡椒品种印尼大叶种；制定了农业行业标准《胡椒插条苗》（NY/T 360—1999）和《胡椒栽培技术规程》（NY/T 969—2006）；对胡椒选地、定植、胡椒园管理进行了系统研究；摸清了胡椒瘟病、细菌性叶斑病等病虫害的发病流行规律，总结形成一套切实可行的防治技术；推进了胡椒生产管理规范化、标准化；开展了胡椒丰产栽培技术研究，提出橡胶胡椒间作、胡椒矮柱密植，丰富了栽培模式；提出胡椒修剪、摘叶、落叶剂应用，椰糠覆盖等高产栽培技术，促进栽培技术科学化；提出了《胡椒矿质营养诊断指导施肥技术》，为胡椒配方施肥提供科学依据；建立了胡椒无公害生产示范基地，撰写了《胡椒无公害生产技术》，促进胡椒产品质量安全；撰写了《胡椒生产防范台风技术》，为台风后受灾胡椒抢救提供技术指导。在此基础上撰写了《我国胡椒标准化生产技术体系建立与应用研究》，对优良种苗繁育、定植管理、土壤管理、树体管理、施肥管理、瘟病发生流行的控制、抗风栽培等进行了总结，初步建立了我国胡椒标准化种植管理技术体系。

随着科技的进步，广大农户的种植技术水平和积极性得到了进一步提高，我国胡椒产业得到极大发展。我国胡椒种植面积和年总产量从20世纪70年代的0.17万公顷、344吨，上升到80年代的1.67万公顷、7 000吨，现在基本稳定在2.5万公顷以上、3万吨以上。据调查，海南管理良好的胡椒园，亩产白胡椒200～250千克，高产的可达400～500千克。中国热带农业科学院香料饮料研究所曾有小面积亩产白胡椒600多千克的高产纪录。湛江、云南等地，管理良好的胡椒园，亩产也能达150～400千克。

第三节　胡椒产品安全质量要求

一、产地生态环境要求

胡椒种植地应选择生态环境良好，没有或不直接受“工业三废”及农业、生活、医疗废弃物或污水污染的农业生产区域。产地内及周边没有对产地环境构成威胁的污染源。大气质量好且相对稳定，尘埃较少，生产区内所使用的塑料制品无毒、无害、不污染大气。空气环境质量符合国家、行业或地方规定要求，包括悬浮颗粒物、硫氧化物、氮氧化物、氟化物和铅等指标。灌溉水源上游没有对产地环境构成威胁的污染源。灌溉水质量和土壤环境质量符合国家、行业或地方规定要求，包括氧化物、氰化物、氟化物、重金属（汞、铅、镉、铬）、砷、石油类及pH、六六六、滴滴涕等指标。土壤重金属背景值高的地区及与土壤、水源有关的地方病高发区都不能作为无公害产地。

二、产品安全卫生要求

胡椒生产中禁止使用甲胺磷、马拉硫磷、对硫磷、甲基对硫磷、甲拌磷、久效磷、氧化乐果、水胺硫磷、克百威和三氯杀螨醇等禁用农药。胡椒农药残留量、重金属及有害物质允许残留量不超过国家、行业或地方规定的要求。包括汞、铅、镉、铬、砷、氟、硝酸盐和亚硝酸盐等指标。

三、安全生产技术要求

种苗要求：异地购买种苗或新植区购买种苗必须检疫，严格执行《国务院植物检疫条例》，避免病害传播；选用壮苗，贯彻国家农业行业《胡椒扦插条苗》的标准。

肥料要求：胡椒在生长发育过程中需要氮、磷、钾、钙、镁等主要元素和铁、锰、锌、铜、硫、硼、钼等多种微量元素，应满足胡椒对各种营养元素的需求。有机肥占总施肥量的60%左右，并且要经过堆沤一段时间，做到“腐熟、干净、细碎、混匀”才能使用。水肥要沤制1个月以上才能施用。禁止使用含有毒有害物质的垃圾。合理施用无机肥，叶面肥必须已在农业部登记注册，在经过试验的基础上应用。

病虫害防治要求：遵循“预防为主，综合防治”的植保方针，从胡椒园生态系统出发，以农业防治为基础，创造不利于病虫害发生流行而有利于控制病害和天敌繁衍的环境条件。在建立胡椒园的同时，规划设置防护林系统和排灌水系统，做到有备无患。

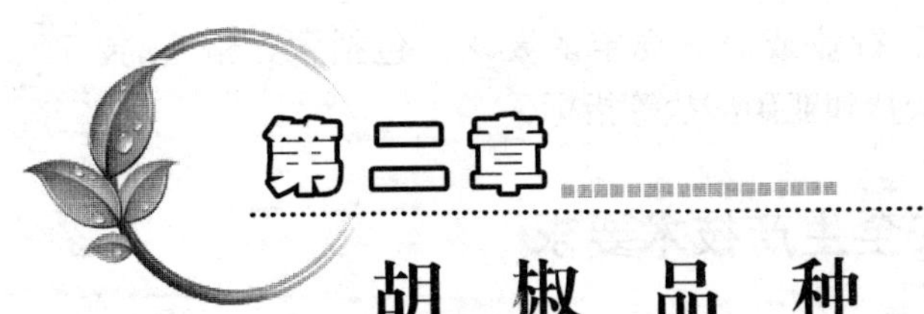

第二章 胡椒品种

第一节 大 叶 种

大叶种叶大而薄，色浓绿，蔓枝粗而脆，易断裂。植株生长快，生长势旺，分枝多，枝条横向生长，冠幅较大；花期比较集中，花穗长，成果率较高；着果有规律，果粒较小，但大小一致，成熟比小叶种稍早。单株产量较高，盛产期达 2～6 千克。经济寿命 20～30 年。大叶种适应性强，较耐肥耐旱。可是容易感染胡椒瘟病和胡椒细菌性叶斑病。主要有印尼大叶种（Type Lampong)、班尼约尔 1 号（Panniyur 1）和古晋（Kuching）等。

一、印尼大叶种

印尼大叶种胡椒为攀缘型；插条繁殖的植株根系由骨干根、侧根和吸收根组成，垂直分布在 0～60 厘米深的土层内，以10～40 厘米的土层最多，深的达 1 米以上；蔓近圆形，略有弯曲，初期呈紫色，后转为绿色，木栓化后呈褐色，表皮粗糙，蔓上有膨大的节，节上有排列成行的气生根，蔓节上的叶腋内有处于休眠的腋芽。叶片全缘单叶交互生长，叶形阔卵形至卵状长圆形，叶面较平，两面均无毛，近革质，叶基圆，常稍偏斜，顶端短尖，叶柄长度 1～2 厘米，叶脉 5～7 条，最上 1 对互生，距离叶基 1.5～3.5 厘米处从中脉发出，余者均自叶基出，最外 1 对极柔弱，网状脉明显。雌雄同花，主花期分别集中于春季（3～5月）、夏季（5～7月）或秋季（9～11月）。果实呈浆果球形，横径和纵径均有5毫米左右，成熟果红色。

印尼大叶种胡椒平均单株鲜果重10.74千克，千粒重43克；胡椒碱和挥发油含量分别为5.29%和1.42毫升/百克。属于高产低抗病品种，为我国胡椒主栽品种，覆盖率达90%以上。

二、班尼约尔1号

班尼约尔1号品种优良，生长势强，叶片大，枝蔓粗壮；具有早产高产、果穗长、着果密、果粒大、适应性强、较抗胡椒瘟病等优点。平均单株鲜果重15.5千克，千粒重47.9克；胡椒碱和挥发油含量分别为4.2%和0.91毫升/百克。

三、古晋

古晋叶大，枝蔓粗壮，生长快，生长势旺盛，冠幅大；适应性强，容易栽培，具有早产高产的特点，但易感胡椒瘟病。

第二节　小 叶 种

小叶种叶较小，色浅绿，常有镶嵌斑纹。蔓枝细小而韧性强，不易折断和破裂。植株生长较慢，枝条短而下垂，因此，冠幅较小；花期长，不集中，花穗多而短，成果率低；果粒大，在果穗上排列较整齐，成熟较迟且不一致，收获期长，不易落果；种子大，白色无光泽，大小不均匀，比较辛辣；产量一般比不上大叶种，但产量稳定，大小年不明显；经济寿命长达30～40年。小叶种抗病性较强，不易感染胡椒瘟病。

主要的小叶种为云选1号，该品种冠幅小，叶片小，花穗多而短，果粒小，产量低，但具有早熟、抗胡椒瘟病的特点。胡椒碱和挥发性油含量分别为5.02毫升/百克和0.82毫升/百克。

第三节　其他品种

一、73-F-5

73-F-5是中国热带农业科学院热带香料饮料作物研究所1974年从柬埔寨小叶种和印尼大叶种杂交组合的杂种苗中选出的优良品种，该品种冠幅大，枝条软且韧，抗风和抗病能力较强，但产量中等或低，胡椒碱含量和挥发性油含量分别为4.04%和0.69毫升/百克。

二、兴热1号

兴热1号为柬埔寨小叶种和印尼大叶种组合的杂交种，叶片较小，花多，果晚熟，耐阴性好，亩产200千克左右。

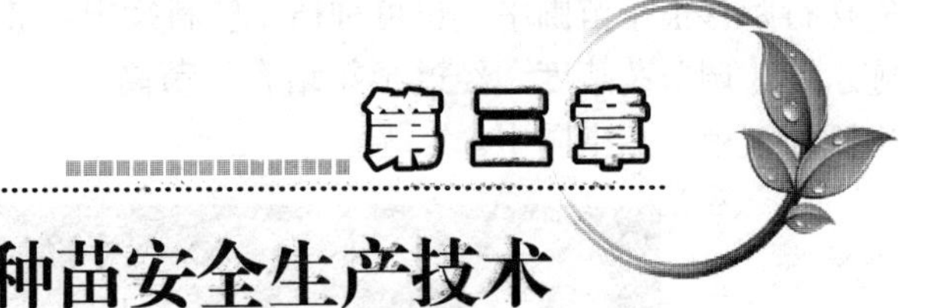

第三章 胡椒种苗安全生产技术

第一节　种子繁殖

一、采种和催芽

（一）采种和种子处理

在高产母树上选择红色、粒大、饱满和无病虫害的果实。脱去果皮，洗净种子，置于通风处晾干，随即催芽播种。种子曝晒或贮存时间超过 20 天，都会降低发芽率。

（二）催芽和播种

将经过处理的种子用清水浸 12～24 小时，放在湿的细沙中催芽。当胚根出现白点时（约 20 天），将其播在苗床上，或者直接播种。苗床经过平整后，铺上几厘米厚的细沙，把种子按 4 厘米×5 厘米的株行距点播，种子多时也可撒播。播种后盖上一层 0.5 厘米厚的细沙，然后覆盖稻草，淋水保湿。但苗床湿度不宜过大，以免招致病害。播种后，经 20～30 天种子便发芽，这时应把覆盖物除去。

二、移植和管理

当幼苗长出 2～3 片真叶时（图 3－1），按 10 厘米×20 厘米的株行距移植于苗圃中，也可种植于塑料袋中。淋水保湿，适当施水肥，调节荫蔽度，经过半年培育，苗高30～40厘米时便可出圃，定植于胡椒园中。

图3-1　可移植的幼苗

第二节　插条繁殖

一、插条的选择及标准

插条（种苗）的优劣直接影响种植胡椒的成活、植株的生长快慢、产量和寿命。必须在生长正常而无病的1～3年的优良母树上（图3-2）选择健康的攀缘于支柱上的主蔓，切取插条材料。这样的插条，生长粗壮、吸根发达、种植成活率高、植株生长和形成树型快、结果早、产量高、寿命长。母树基部和树冠内部长出的蔓以及植株封顶以后从顶端长出的蔓纤弱、徒长，吸根不发达，从这

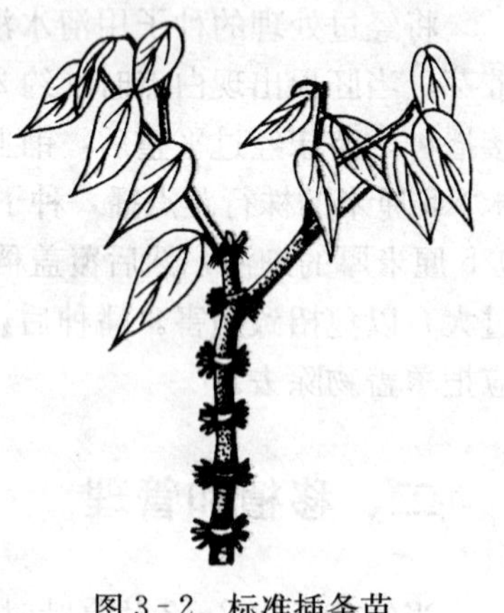

图3-2　标准插条苗

些蔓切取插条，种植成活率低，分枝部分高，形成树形慢、结果迟，一般不宜采用。

优良插条苗的标准（表 3-1）：

1. 长度 30～40 厘米，有 5～7 个节；

2. 蔓龄 4～6 个月，粗度达 0.6 厘米以上；

3. 节上气生根发达，且都是“活根”；

4. 插条顶端两个节各带 1 个分枝和 10～15 片叶，腋芽发育饱满；

5. 没有病虫害和机械损伤。

表 3-1　胡椒插条苗质量指标

项目＼级别	一级	二级	三级
插条长度，厘米	35～40	30～35	≥30
插条粗度，厘米	≥0.7	≥0.6	≥0.5
插条节数，节	5～7	4～5	≥4
叶芽数，个	2		
活气生根，节	≥4	≥3	≥2
蔓龄，月	4～6		
送嫁枝序，个	2	2	2
枝序带叶片数，片	10	10	10

关于矮化栽培插条的选择及标准：矮化栽培也叫无支柱栽培。矮化栽培初期投资较少，收益较快（一般定植后 2 年就有收获），管理也较方便，有利于与橡胶等作物间作，提高土地复种指数。过去用于无支柱栽培的插条一般选用 3～4 节花果枝作插条，故又称“花果枝栽培”。这种插条植后一般只抽枝条不抽主蔓，形成矮化丛生树型，但花果枝插条因无气生根，因而植后发根困难，成活率低，特别是含沙量高的土壤，在气温高、土壤干旱、管理不良时，易造成植株大量死亡。为克服这些缺点，一般

宜采用长 20 厘米（3 个节）、顶端带 1～2 个分枝的主蔓插条，植株按一定高度（一般保留 1 层枝序）及时修剪顶蔓。在椒头培土时将主蔓埋入土中，抑制主蔓再生，促使植株抽枝，矮化丛生。矮化胡椒在适当密植（4 995 株/公顷）、管理良好的情况下亦能获得较高产量。

二、插条的切取

切取插条宜结合植株的整形进行。除专门繁殖的插条来自增殖圃外，都在预先选好的母树上按整形的要求在主蔓的一定部位剪蔓，用剪下来的蔓分段做插条。

为了使主蔓组织充实、粗壮，提高插条成活率，宜在剪蔓 15 天左右去顶，即将主蔓先端 2～4 节（不长分枝的部分）切除，同时按这条主蔓可切取的插条数，每条插条留下 2 个分枝，把多余的分枝从基部切除，当主蔓生长 4～6 个月（图 3-3、图 3-4），主蔓顶端叶腋萌动时才剪蔓，分段切取插条。

图 3-3　适宜切取种苗的胡椒植株

图 3-4　不宜切取种苗的胡椒植株

在春季和秋季，选阴天或晴天下午割蔓，割蔓要按整型的要求，用锋利的枝剪或小刀将主蔓切断，然后由下而上解开绑蔓的塑料绳，然后一人扶住蔓的顶部，以防止蔓苗自然脱落，另一人由下而上将主蔓气生根从支柱上剥离，再由下而上，小心地顺势拉下主蔓，在主蔓脱离支柱的同时双手握住蔓的基部并使蔓基部朝上尾朝下，“倒提着”蔓苗到园外，选择阴凉的地方将蔓苗小心放到地上，并尽快按种苗的标准切取插条。切口要平滑，防止破裂。插条要边切边蘸水，割完后将切口端放在水中浸泡约20分钟，分级并按50条1捆绑好，放在阴凉处，保持湿润，准备假植（育苗）或定植。

三、假植

在秋季多雨地区，插条可以不经假植而直接定植于大田。但在干旱季节以及插条质量较差的情况下，一般要经过假植。

假植可分为沙床假植和地床假植。沙床假植成本高，但出根率高且出根快，吸根发达，易于管理及起苗，可多次使用。地床假植，投资少，简单易行，易于被广大农户接受，但其出根率及根的发达程度较沙床差，易引起积水和烂根，起苗困难。

（一）地床假植

1. 苗圃地的选择和整地　应选靠近水源、土壤排水良好、土层深厚的缓坡地或平地建立苗圃。多次育过胡椒苗、靠近病园和种过蔬菜的地，一般不宜选用，否则易引起瘟病和线虫病的发生，一般选生荒地较理想。

假植苗圃应在扦插前1个月进行耕翻，清除树根、杂草、石头等杂物。土壤经充分暴晒后起畦。畦高20～30厘米，面宽100厘米，沟宽40厘米。畦面要平整，土壤要充分磕碎，苗圃周围要开排水沟。

2. 育苗　插条应按壮弱、长短分级，分床假植。这样种植后的幼苗生长比较一致，便于管理。扦插时按20～30厘米的行距开沟，沟的一面做成45°～60°的斜面，弄平压紧，在斜面上按10～15厘米的株距排列插条，使根紧贴土壤，让插条上端带分枝的2个节露出地面，盖土压紧，但不要压伤枝条，然后淋足定根水并保持荫蔽（图3-6）。

图3-5　育苗棚

图3-6　育苗过程

为了促进插条发根和提高成活率，扦插前用生长素吲哚乙酸处理插条，浓度为10毫克/升，浸4小时，效果较好。

3. 苗圃管理　淋足水分，保持荫蔽，创造一个荫蔽而潮湿的环境是保证插条成活的关键。插条扦插后7～10天开始发根，15～20天内要经常淋水，保持土壤湿润。淋水要根据土壤保水力和天气而定，水分过多，苗圃太阴湿，插条易发病和腐烂。一般保水力差的沙质土和天气干燥时需要每天或隔天淋一次水，使土壤保持田间持水量的80%～90%。插条发根成活后，可逐渐减少淋水次数。扦插后还要立即荫蔽，避免阳光暴晒而使插条失水枯萎，保证成活。插前就应准备好荫蔽物或盖好荫棚。苗的荫蔽形式主要有3种。

芒箕荫蔽：插条扦插后随即将芒箕插于行间。荫蔽度应保持80%～90%。这种荫蔽花工少，取材容易，成本低，成活率高（90%～100%），它是目前生产上采用较为普通的一种荫蔽形式。

小荫棚：小荫棚沿畦架设，一边高100～120厘米，另一边高50～60厘米，用大芒或茅草作荫棚材料，这种荫蔽取材较容易，成本低，插条的成活率也较高。缺少芒箕的地方多采用小荫棚。

大荫棚：荫棚高1.8～2米，用竹片或大芒作荫棚材料，荫蔽度控制在80%～90%，这种荫棚受光均匀、通风，管理也方便，多使用于高温干旱季节。但所花的人工、材料都较多，成本高，下雨多时，会由于水分过多，使插条腐烂死亡。

不论采用哪种荫蔽形式，在插条发根成活后都要逐渐减少荫蔽度，以锻炼苗木，提高定植成活率。

（二）沙床假植

沙床假植除以沙床代替地床外，其余方法均与地床假植类似（图3-5）。沙床一般以砖块砌成畦，面宽1米，畦面高30厘米，畦面长度视地形而定，一般最长不要超过15米，以便于管理。沙床砌好后，畦面之间要开排水沟，周围要开环圃排水沟。沙床内一般放置20～25厘米厚的中等粗细沙子；沙子以带少量细土的泥沙较为理想。沙床上面一般架设1.8～2米高的荫棚，荫棚材料可用竹片、大芒或遮阳网，荫蔽度控制在80%～90%。

四、出圃、包装和运输

插条扦插30～45天后，便可出圃，移植于大田。插条苗留在苗圃的时间太久，根粗且长，会抽出新蔓，移植时易受伤，影响生长；时间太短，则又难以区分主蔓是否已受伤害。插条出圃前一天，如苗床干燥板结时，应淋足水分。这样不但易于操作，而且可防止根系受伤过多。对受伤的根或过长的根须要加以修剪和截短，以便于定植，利于伤口愈合和长出新根。若发现插条感染瘟病，应严禁出圃，主蔓受伤、有花叶病和其他病害的插条也应该淘汰。

五、建立增殖苗圃、加速繁殖插条

为了适应生产发展的需要，解决种苗困难，最好在每个主要种植胡椒区，建立增殖苗圃，加强管理，加速插条的繁殖。增殖苗圃地要求深耕全垦，等高起畦定植，以便于排灌。株行距 1.2 米×（2.2～2.4）米，每公顷植 3 800～3 460 株，支柱高 1.6 米（地上部分），每株留蔓 8 条，每年剪蔓 3 次，每次从新蔓第二个节间处剪蔓（即留新蔓 1 个节）。除加强施肥、灌水、培土、松土、绑蔓、依时剪蔓和注意防病等措施外，同一般大田管理。这样每年每公顷可繁殖插条 16.5 万～18 万条。2～3 年后，如不需种苗时，可改为矮柱密植栽培，让其封顶放花结果，产量也同样较高。

第四章 胡椒安全种植管理技术

第一节　园地选择与规划设计

一、园地选择

园地选择是胡椒种植的关键环节。如在排水不良、低洼地或地下水位较高的地方种植胡椒，可导致胡椒生长慢、长势差、易发生水害和瘟病；在温度较低、阴坡地、坡脚地等的地方种植胡椒，可导致胡椒寒害发生。

（一）水源

应选比较接近水源，方便灌溉的地方；但不宜太靠近河流、水沟、水库，避免发生水害和病害。

（二）地形、坡向

应选择坡度3°～5°、最好不超过10°的缓坡地。低洼地（特别是锅底形地）或地下水位高的地方不宜选用。温度较低易受霜冻危害的地区（如云南、广西等）应选阳坡地。

（三）土壤

应选择土层深厚，比较肥沃，结构良好，易于排水，呈微酸性的沙壤土或中壤土。盐碱地、排水不良的重黏土、保水保肥力差的重沙土及旧宅地不宜选用。

（四）大面积种植时应选择便于运输的地方

二、园地规划

应根据地形、地势和风力大小等条件规划设计胡椒园面积、防护林、道路和排水灌溉系统，以便控制病害传播和便于管理。

（一）规划内容

包括园区的大小、走向、防风林、园区道路、排水和灌溉系统等。

（二）大小和走向

园区面积以3～5亩为宜，东西走向，规划成长方形，有利于防风和防病。

（三）防风林

防风林距胡椒植株不小于4.5米（图4-1），离胡椒园较近的可种植较矮的油茶、黄皮和竹柏等树种，离胡椒园较远的可种植木麻黄、台湾相思和小叶桉等树种。主林带位于高处与主风向垂直，植树7～9行；副林带与主林带垂直，植树5行左右。

图4-1 防风林

（四）园区道路

道路由干道和小道组成。干道是胡椒园主要通道，可设在防风林带的一旁或中间，宽 4 米，外与公路相通，内与小道相通；小道设在园区四周防风林带的内侧，宽 1～1.5 米。

（五）排水和灌溉系统

排水系统（图 4－2）由胡椒园四周的环园大沟、园内纵沟和垄沟或梯田内壁小沟互相连通组成。大沟一般离防护林 2 米，离胡椒园 2.5 米，沟宽 60～80 厘米，深 80～100 厘米。园内每隔 12～15 株胡椒开一条纵沟，沟宽 50 厘米，深 60 厘米。

灌溉系统可以利用垄沟和梯田内壁小沟灌水；也可在园区最高处修建水塔，采用喷灌（图 4－3）、地灌、滴灌等方法进行灌溉。

图 4－2　排水沟　　　　图 4－3　喷灌设施

（六）沤肥池

沤肥池建于胡椒园旁边，大小和数量可根据胡椒园面积和园区之间的距离确定，一般每 3～5 亩地应至少修建一个直径 3 米、深 1.2 米的圆形沤肥池，为有效防止渗漏，沤肥池最好修建在地下为宜。

三、开垦与定植

（一）开垦

除需留作防护林的树木外，园区内所有树木和灌木均应砍除，并进行彻底清理，在定植前3～4个月进行深耕全垦；深翻或机耕30～40厘米，推土机可深耕60～80厘米，并清除树根、杂草、石头等。

（二）修梯田

坡度在5°以下的（图4-4），可开大梯田，面宽6米，种2行；坡度在5°以上的（图4-5），开小梯田，面宽2.5米，种1行，梯田面稍向内倾斜。小梯田在内侧，大梯田在行间挖一条小排水沟。

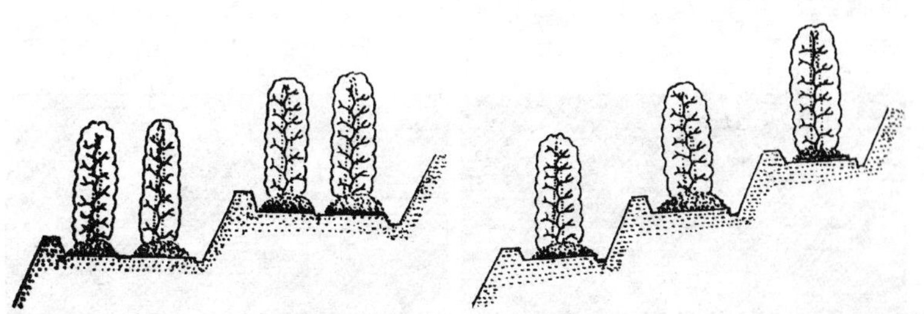

图4-4　坡度5°以下的梯田　　　　图4-5　坡度5°以上的梯田

（三）挖穴

定植前两个月挖穴，将表土、底土分开放置，捡净树根、石头等杂物，穴规格为长80厘米，宽80厘米，深80厘米。

（四）回土和施基肥

定植前半个月施基肥和回土。先将表土回穴至1/3，然后每穴将充分腐熟、细碎、干净的基肥15～25千克（过磷酸钙

0.25～0.5 千克一起混堆）与表土充分混匀回穴踏紧，随后继续填入表土，做成比地面稍高一点的土堆，准备定植。

（五）定植时间

海南岛一般在春季和秋季定植，而春季干旱缺水的地区秋季定植较好。冬季气温较低的地区，宜早不宜迟，可根据雨情，于3～5 月定植较好，以利于植株成活越冬。定植一般在阴天或晴天下午进行，雨后土壤湿度大时不宜定植。

（六）定植密度

一般高柱疏植，矮柱密植；地肥沃，水热条件好，冠幅大，宜疏植；地瘦瘠，水热条件差，冠幅小，宜密植。平地或缓坡地，支柱长度 2.2 米（地上部分，下同）以上时，株行距采用 2 米×（2～2.5）米；土壤肥沃，坡度大些时，株行距可采用 2 米×（2.5～3）米；矮柱（柱高 1.5 米）种植，株行距可采用 1.8 米×2 米。

（七）定植方法

1. 立临时支柱　定植前在植位的一边离穴壁 15 厘米处插上标棍或临时支柱，定植方向应与梯田走向一致，椒头不宜向西，避免太阳晒伤椒头。

2. 挖穴　距标棍约 10 厘米处挖 1 个深 30～40 厘米的 V 形小穴，使靠标棍的坡面形成 45°～60°的斜面（图4-6），并压实。

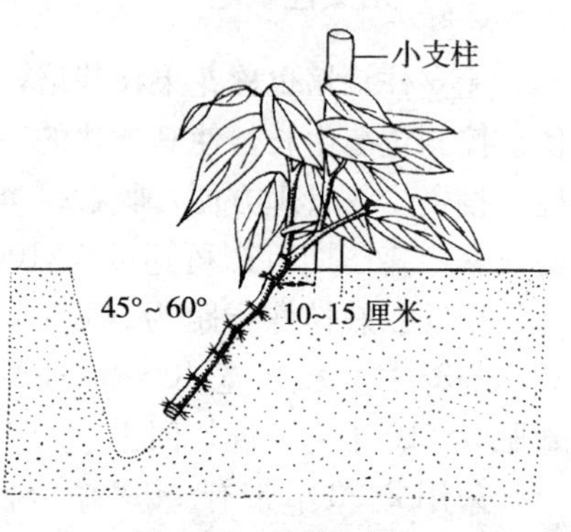

图 4-6　单苗定植

3. 种植　单苗定植时，

种苗放置于斜面正中，对准标杆；双苗定植时，两条种苗对着柱呈“八”字形放置（图 4-7)。定植时每条种苗上端 2 节露出土面，根系紧贴斜面，分布均匀，自然伸展，随即盖土压紧，在种苗两侧放腐熟的有机肥 5 千克，然后再回土做成中间呈锅底形的土堆，上面盖草，淋足定根水，并在植株周围插上荫蔽物，荫蔽度 80%～90%为宜（图 4-8)。

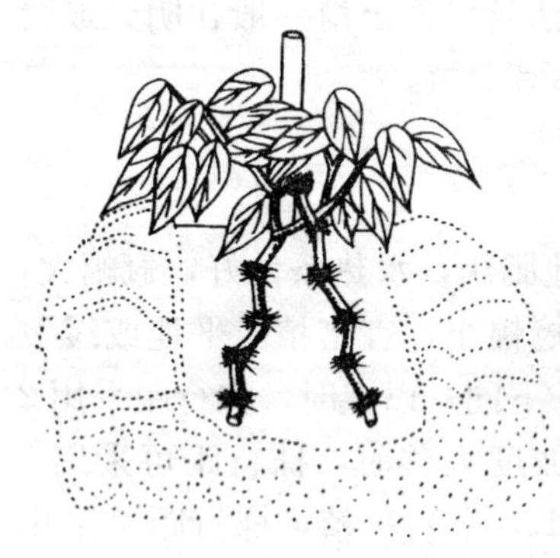

图 4-7　双苗定植

图 4-8　荫蔽、淋水

四、栽植形式

(一) 无支柱栽培

无支柱栽培也称花果枝栽培，是采用主蔓插条或果枝插条种植，控制主蔓生长，使其矮化的一种栽培形式。其优点是不用支柱，投资少，管理方便，收益较早，种植一年就开花结果，二年便收获，盛产期亩产可达 50～100 千克。一般垦地后按等高定标、挖穴。栽植株行距为（1～1.2）米×（2～2.5）米，亩植 222～333 株。植穴宽 40～50 厘米，深约 40 厘米。每穴施腐熟基肥 5～10 千克，混匀回土。

采用 2～3 节带有 1～2 个分枝的主蔓苗或 3～4 节果枝苗种植。每穴定植 2～4 苗。多苗定植，成丛快。多苗定植时，如采用主蔓插条，要深植，埋土深度可超过种苗顶端一节 5 厘米以上，以抑制抽出新蔓，单苗定植时，宜浅些，让其抽生新蔓和分枝，增加枝条数，扩大结果面。

植后一年内要进行荫蔽，直至枝叶能自行荫蔽胡椒头为止。定植浅的植株，新蔓抽出后，保留第一层分枝，便去顶。在起垄或培土时，将蔓埋入土中，抑制再抽新蔓，促进枝条生长。植后一年，便可将行间土壤锄松，按行起垄，垄呈龟背形，高度30～40 厘米。

（二）支柱栽培

胡椒是藤本植物，需要攀缘在支柱上才能正常生长，形成圆柱形树冠。胡椒支柱的种类较多，可分为死支柱（如木柱、石柱和水泥柱等）与活支柱两大类。

1. 木支柱　宜选用木质坚固耐用、圆而直的树干心材作支柱。柱长约 3 米（包括入土 70 厘米），头径 12～15 厘米，尾径 10～12 厘米。木柱可以就地取材，初期投资较少。但易腐烂，不耐用，需要多次更换，花工多。换支柱容易扭伤胡椒植株的主蔓和枝条，影响生长。同时木柱也容易引起各种根病（如台湾相思、桉树等，易引起胡椒根病，不宜选用）。目前，木支柱在生产中已较少采用。

2. 石支柱　石支柱用坚硬的石头加工而成。长约 3 米（包括入土部分 80 厘米），头部粗 13～15 厘米，尾部粗 10～12 厘米，且大小比较均匀。据调查，石柱靠近地面的部分，粗小于 12 厘米时，容易被台风刮断。入土部分深度不足 70 厘米时，容易被强台风刮倒。石柱坚固耐用，不像木支柱常因更换支柱而损伤蔓、根。但采用石支柱，初期投资大。夏季柱身温度高，最好用叶垫柱绑蔓，以利于主蔓吸根牢固地吸附于支柱上。目前，生产上普遍采用石支柱。有时石支柱不够长，也可用水泥接上一节瓦筒。

3. 水泥支柱　水泥支柱用钢筋、水泥、沙和碎石制成。断面可以是圆形，也可以制成方形。水泥支柱长 2.8～3.0 米，圆形水泥柱头部直径 12 厘米，尾部 8 厘米；方形水泥柱头部粗 12 厘米，尾部粗 10 厘米。制水泥柱约需要 6 毫米钢筋、水泥、沙、碎石，水泥、沙、碎石的比例为 1∶2∶3。水泥支柱坚固耐用，但初期投资较大。目前，由于符合质量要求的石支柱紧缺，生产上采用水泥支柱逐渐增多。

4. 活支柱　提供胡椒攀缘生长的活的树叫活支柱。目前海南采用的活支柱有刺桐、厚皮树、牛尾棱、苹婆树、槟榔树、椰子树、橡胶树等。我国在胡椒生产中采用活支柱比较少。

5. 矮柱栽培　一般采用离地面 1.5～1.7 米的矮支柱，按 1.5 米×（2～2.5）米的株行距进行密植，以弥补柱矮的不足，提高单位面积产量。这种方法，支柱容易解决，植株较矮，易管理，田间操作方便，树形形成快，结果早，其种植和管理方法与一般的栽培管理方法相同。

6. 种支柱和换支柱　胡椒永久支柱可以在胡椒种植成活后及时种上，有条件的也可以在定植之前就种上永久支柱。一般支柱离胡椒 20 厘米，矮柱种深度 70 厘米，中柱和高柱种深度 80 厘米。插临时支柱的胡椒，在第二、三次剪蔓时，就要换为永久支柱，防止临时支柱倒伏而折断主蔓。以后支柱损坏时，也要及时换上新柱。新柱的位置一般离胡椒 20 厘米，换柱一般在中、小胡椒剪蔓后或结果胡椒摘果后进行。结果胡椒树冠大，枝条多，换柱子难度比较大。先用三脚架将主蔓顶部固定，然后小心地将气生根从支柱上分离开，移动三脚架，使主蔓脱离支柱，并用 2 支小棍插在换柱方向的两侧，将基部枝条拨开，挖出旧柱，维修旧柱洞穴，使支柱垂直，入土深度 70 厘米，然后培土踏实。封顶后的植株，新支柱地上部分高度一定要与旧柱相同，新柱种后要踏紧，柱头培土要高出地面，以防积水，引起病害。最后将主蔓均匀地分布于支柱上绑好。

（三）间作

1. 橡胶间作胡椒　胡椒应与橡胶同时定植。橡胶采用宽行密植（行距10～15米），橡胶行间种胡椒3～5行，栽培管理方法与矮柱栽培或无支柱栽培相同。

2. 槟榔间作胡椒　以槟榔树做活支柱：先种槟榔，株行距2.2米×3米，待槟榔茎秆长高1米时，在距槟榔40厘米处种胡椒。与槟榔间作：槟榔行距4米，种槟榔的同时在行间种1行胡椒。

3. 椰子间作胡椒　以椰子树做活支柱：椰子茎秆高1米时，可在离椰子树80厘米处挖穴种胡椒，以椰子树作为支柱。与椰子间作：先种椰子，株行距6米×12米，行间种胡椒4～5行。

第二节　幼龄胡椒管理

一、定植后淋水

胡椒种植后应经常淋水，如遇晴天，宜连续3天淋水，以后每隔1～3天淋水1次，幼苗成活后，淋水次数可减少，以保持土壤湿润为宜。

二、查苗补苗

胡椒种植后1～2个月，全面检查成活率，发现死株或生长不良的幼株，应及时补植或换植，此后应经常检查，做到一年内补齐苗，使苗生长一致，便于管理。

三、施肥

（一）施肥原则

幼龄胡椒主要是营养生长，即根、蔓、枝、叶的生长。以施速效肥为主，配合有机肥施用。根据幼龄胡椒的生长发育特点，应贯彻勤施、薄施、生长旺季多施液肥的原则。

（二）水肥

1. 沤制方法 由人畜粪、尿、饼肥、绿叶和水一起沤制。肥料用量和水肥浓度可随胡椒椒龄的增加而增加。小椒、中椒和投产胡椒可以按1 000千克水分别加入牛粪150千克、200千克和250千克，饼肥2千克、3千克和5千克，还有绿叶各50千克。沤制期间要经过几次搅拌，1个月以后就可使用。

2. 施用方法 正常生长期20～30天施1次水肥，一般情况下一龄椒每株每次施2～3千克，二龄椒每株每次施4～5千克，三龄椒每株每次施6～8千克。如果水肥太浓可加水，浓度不够，每50千克可加复合肥0.1～0.2千克。

（三）其他肥料

1. 肥料种类 春季施有机肥和磷肥，一般每株穴施腐熟、干净、细碎的牛粪堆肥30千克左右，过磷酸钙0.25～0.5千克，饼肥1千克。

2. 有机肥堆制方法 一般用的有机肥为牛粪，也可加入饼肥、过磷酸钙和火烧土。堆制过程中翻动几次，做到腐熟、干净、细碎、混匀才能使用。堆制所需各种肥料的用量，应根据胡椒生长发育不同阶段对肥料的需要决定，一般基肥中牛粪与表土的比例为3∶7或4∶6，攻花肥中牛粪与表土的比例为5∶5或6∶4。

四、深翻扩穴

深翻扩穴一般在春季，与施有机肥相结合进行，在胡椒植株两侧轮流挖穴施肥（图 4－9）。初次挖穴肥穴内壁离椒头 40～60 厘米，肥穴和植穴要连通。一般肥穴长 80 厘米，两侧肥穴长 100 厘米，宽 30～40 厘米，深 70～80 厘米。

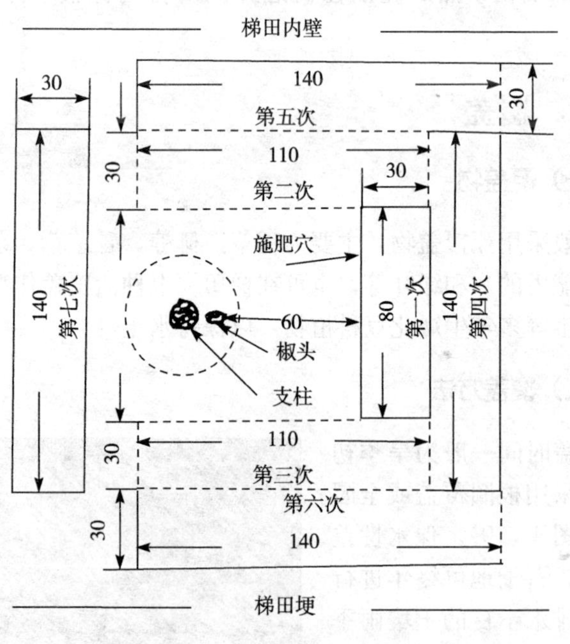

图 4－9　穴施肥（单位：厘米）

五、除草

胡椒园必须根据杂草生长情况，及时除草，但梯田埂上或园内外的排水沟上的杂草，可以修剪，不必清除，以利于保持水土。除草通常1～2个月1次。

六、松土

分为浅松土和深松土两种。浅松土是在雨后和结合施肥时进行。将植株周围的土壤锄松，深度10厘米。深松土每年进行2次，分别在3～4月和11～12月进行。每次松土一般先在树冠周围浅松，然后逐渐往树冠外围及行间深松，深度约20厘米。

七、覆盖

（一）覆盖物

一般采用死覆盖物，主要为稻草、椰糠、香茅草、杂草（没有再生能力的）和绿叶等；也可在梯田埂上种活覆盖作物，一般为野花生等多年生矮化豆科植物，以保持水土。

（二）覆盖方法

覆盖时间一般为旱季初期，可采用根圈覆盖或全园覆盖（图4-10）。保水性差的沙土、石子地可终年进行覆盖，排水不良的土壤雨季不要覆盖，胡椒瘟病园不宜进行覆盖。

图4-10　覆　盖

八、竖柱

小苗定植后6～12个月，或临时支柱腐烂损坏时，应及时换上永久支柱，一般支柱离胡椒 20 厘米，深度 70 厘米。插临时支柱的胡椒，在第二、三次剪蔓时，可换为永久支柱，防止临时支柱倒伏而折断主蔓。

九、绑蔓

（一）绑蔓方法

一般新蔓长出 3～4 个节时就开始绑蔓，以后每隔 10 天左右绑 1 次（图 4-11）。绑蔓宜在上午露水干后或下午进行，此时植株含水量降低，嫩蔓柔软，不易折断。用柔软的塑料绳在蔓节下将几条主蔓绑于支柱上。绑时用手调整和压紧主蔓，然后将绳子拧紧绑好。一般每 2 个节绑 1 道，但准备做种苗的主蔓，最好做到节节都绑。

图 4-11　中小胡椒绑蔓

（二）绑蔓要求

1. 绑蔓要及时，松紧要适度。主蔓上端第一节不要绑，第二节不要绑得太紧，并打活结，以免影响主蔓生长；

2. 要把主蔓调正，均匀地配置在支柱上。如主蔓交叉或弯曲，要小心调整后再绑；

3. 绑蔓时不能将枝条绑在支柱上，要按照层序高低调整，防止互相挤压，影响枝条向外伸展；

4. 老蔓、嫩蔓分别绑，先绑老蔓，后绑嫩蔓。绑蔓时要小心，防止扭伤枝条和折断主蔓，特别是雨后或早晨绑蔓时更应注意；

5. 在高温干旱季节绑幼蔓时，可将蔓节上的叶片反转垫于节下，避免石支柱温度高灼伤嫩蔓而影响植株生长。

十、摘花

为了促进蔓枝的生长和树形的形成，幼龄胡椒开的花要及时摘掉，限制结果。但也有一部分二龄以上将近封顶的植株，生势旺盛，冠幅达 120 厘米，可以适当保留植株下部的花穗，让其结果（即放半柱花）。同时要加强施肥管理，保证植株正常生长。

十一、剪蔓

（一）高产树形

植株离地面柱高 2.2 米左右，具有 6～8 条蔓，冠幅 160～180 厘米，有 120～150 个枝序，每个枝序有 15～25 条结果枝。

（二）剪蔓时间

应在春、秋雨季进行，切忌在高温干旱、低温干旱的季节和发生胡椒瘟病时剪蔓。

（三）剪蔓方法

1. 留种苗剪蔓 第一次剪蔓：在胡椒定植后 6～8 个月，植株大部分高达 1.2 米时进行。在离地面 20～30 厘米（3～6 个节）处剪蔓，保留 1～2 层枝序（图 4 - 12），并在每条蔓切口下 2～3 节处选留2～4 条健壮的新蔓。如果第一层枝序过高，剪蔓后应进行压蔓。

第二、三、四次剪蔓：应在所选留的新蔓长高 1 米以上时进

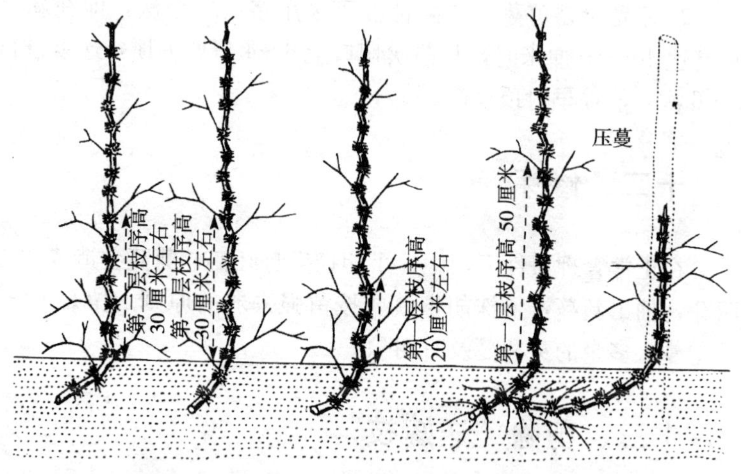

图 4-12　第一次剪蔓

行，在前一次切口上方 3～4 节处剪蔓（图 4-13）。每次剪蔓都要使几条蔓的切口高度基本保持一致，剪蔓后都选留切口下长出的新蔓 6～8 条。

第五次剪蔓：应在新蔓第二层分枝之上，剪蔓后选留的新蔓与上次相同。

封顶：最后一次剪蔓后，待新蔓生长超过支柱 30 厘米时，将几条主蔓向支柱顶部中心靠拢，按顺序交叉绑好。再在离交叉点 3 节处将各条主蔓去顶，使之逐渐形成圆柱形树冠。

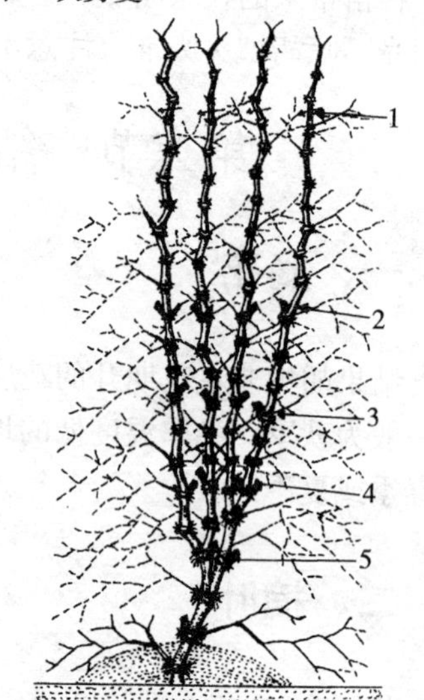

图 4-13　第二、三、四、五次剪蔓
1. 第一次剪蔓的位置　2. 第二次剪蔓的位置　3. 第三次剪蔓的位置　4. 第四次剪蔓的位置　5. 第五次剪蔓的位置

2. 不留种苗剪蔓　二龄植株可采用多次去顶法，即在新蔓长高达40～50厘米时，从前次切口上3～4节处去顶，连续进行5～6次，能提早封顶投产。

十二、修芽

在正常管理条件下，中、小胡椒生势旺盛，剪蔓会造成大量萌芽，抽出新蔓，整株胡椒就要按留强去弱的原则，留足6～8条主蔓，多余的芽和蔓及时切除。

十三、剪除“送嫁枝”

种苗带来的枝条叫做“送嫁枝”。在第二次剪蔓后可以剪去，以阳光不晒胡椒头为准。注意不要在雨季或高温干旱时剪枝。

第三节　结果胡椒管理

一、摘花

结果胡椒非主花期开的花应摘除（图4-14）。海南地区主花期一般为秋季，冬季温度低的地区，如湛江或云南等地区主花期在春季或夏季。

二、摘叶

每隔2～3年对生势旺盛、冠幅大、老叶多的植株适时进行合理摘叶。一般在8月下旬进行（图4-15），留长果枝（4至7节的果枝）顶端3～5片叶，短果枝（1至3节的果枝）1～3片叶。

图 4-14　摘　花

图 4-15　摘　叶

三、修徒长蔓

结果胡椒树冠内部抽出的徒长蔓，由于缺少光照，纤弱徒长，应及时切除。

四、去顶芽

顶芽就是结果胡椒每年从原来封顶的地方抽出的新蔓，长期生长会导致植株出现“戴帽”现象，应及时剪除。

五、加固

已封顶投产的植株要用尼龙绳绑蔓（图 4-16）。一般 40 厘米绑 1 道，每道绳子要绕两圈，不要绑得太紧，打活结。在台风季节到来之前，要逐园逐株进行检查，绑绳损坏的，要及时更换，以防主蔓脱柱被扭伤。

图 4-16　封顶胡椒绑蔓

六、灌水

1. 起垄栽培的胡椒园，可以进行沟灌，水位不宜超过垄高的2/3，让其慢慢渗透。

2. 不平整的胡椒园，可在垄沟中分段堵水，使全园土壤湿透。一般不宜淹灌，以防止水害和传播病害。

3. 喷灌启动快，操作容易，效果较好。

4. 灌水一般在上午、傍晚或夜间土温不高时进行。在土壤温度较高的情况下，降小阵雨时给中、小胡椒灌水，根系容易被烫伤，引发花叶病。

七、排水

每年雨季来临之前，应疏通排水沟，填平凹地，维修梯田。大雨过后及时检查，排除园中积水。胡椒头下陷，要用表土培高。

八、松土

结果胡椒园在每年立冬和施攻花肥时各进行1次全园松土，先在树冠周围浅松，后逐渐往树冠外围深松，深度15～20厘米。松土时要将土块略加打碎，并在松土的同时维修梯田和胡椒垄。

九、覆盖

与幼龄胡椒覆盖方法相同。

十、培土

一般每年或隔年在冬、春季培土1次，每次每株培1～2担较为肥沃的新土。也可在冬季结合松土培土，先将冠幅内的枯枝落叶扫除干净，进行浅松土，然后把表土均匀地培在胡椒头周围（图4-17）。

图4-17　培　土

十一、施肥

（一）经验施肥

一般每个结果周期施肥4～5次。每株施肥量为：牛粪或堆肥30～40千克，过磷酸钙1.5千克，饼肥1.0千克，水肥40～50千克，尿素0.2～0.3千克，氯化钾0.4千克，复合肥1千克。

1. 第一次重施攻花肥　一般在8月，下透雨，植株中部枝条侧芽萌动时施下攻花肥。施肥量约占全年施肥量的1/3。攻花肥以速效氮、磷肥为主，配合迟效的有机肥和钾肥。一般株施腐熟的有机肥15千克，过磷酸钙0.25～0.5千克（与有机肥混堆），水肥10～20千克，饼肥0.5千克（沤水肥或与有机肥混堆），复合肥0.2～0.3千克，尿素0.15～0.2千克，氯化钾0.15千克。开沟后，先施水肥，水肥干后施复合肥，接着施有机肥、尿素和氯化钾，然后覆土。

2. 第二次施辅助攻花肥　约在9月胡椒萌芽期根据植株生势适当施速效肥料。每株施水肥20千克，尿素0.1～0.15千克，以满足胡椒开花结果的需要，提高稳实率。

3. 第三次施养果保果肥　约在11月，幼果如绿豆般大小时施下，以满足果实生长发育的需要，提高抗寒能力，减少落果。每株施水肥10千克，饼肥0.25千克（沤水肥），复合肥0.25千克，尿素0.1～0.15千克，氯化钾0.15千克，镁肥0.1千克。这次施肥后，也可施火烧土，每株5～10千克或草木灰1～2千克。

4. 第四次施养果养树肥　一般在第二年3～4月施下。一般每株施有机肥20～30千克，过磷酸钙0.25～0.5千克，饼肥0.5千克（与有机肥混堆），氯化钾0.15千克，复合肥0.25千克，尿素0.1千克。可在植株后面、两侧和凹株之间轮穴施。结果多、生势差的植株还要多施1次水肥，每株10千克，尿素0.1千克。

5. 红壤土地区，结合松土，可采用根外追肥的方法，每株撒施石灰0.5千克，增加钙肥，中和土壤酸性。

（二）叶片营养诊断指导施肥

1. 叶片采集　一年中在3～4月或9～10月，上午8：00～12：00或下午2：30～5：30，采集胡椒植株中部、阳面、短枝条上带花穗的完全稳定叶片，按每单位面积（约0.3公顷）采集20～30株，每株胡椒采集完全稳定叶片3～5片，组成一个混合样。

2. 试样分析　叶片样品经杀青、烘干、磨碎后，分析所需项目。

3. 肥料施用量的确定

根据当年养分消耗量和土壤养分供给量之差，确定肥料施用量。肥料施用量按式（1）计算：

$$Y=\frac{(L-X)\times Z\times B+J-G}{F} \quad (1)$$

式中：

Y——某地块肥料施用量（克/株）；

L——叶片养分临界值（详见表 4-1）；

X——叶片养分测定值（克/千克）；

Z——单株叶片总干重（克），按式（2）计算；

B——全株养分与叶片养分比值（详见表 4-2）；

J——白胡椒计划产量需养分量（详见表 4-3）；

G——土壤供应养分量（克），按式（4）计算；

F——肥料利用率（详见表 4-4）。

$$Z = Z_1 \times V \tag{2}$$

式中：

Z_1——单位体积叶片干重（克/米^3），约 421 克/米^3；

V——单株植株实测体积（米^3）。

单株植株实测体积按式（3）计算：

$$V = \pi R^2 \times H \tag{3}$$

式中：

R——冠幅的 1/2（米），从行间、株间两个方向，分别测量胡椒圆柱形树冠上、中、下（离地面 150 厘米、100 厘米、50 厘米）三个部位直径，以 6 个测量值的平均值为冠幅；

H——株高（米），在树冠两侧的水平线上测量植株高度，取平均值。

$$G = D \times 150 \times 行距 \times 株距 /667 \times 校正系数 \tag{4}$$

式中：

D——胡椒园土壤养分含量（微克/克），按式（5）计算；

150——土壤养分换算系数；

校正系数——N：30%、P：10%、K：40%、Ca：30%、Mg：30%。

$$D = (D_{肥} \times S_{肥} + D_{非} \times S_{非})/S_{单} \tag{5}$$

式中：

$D_{肥}$——施肥沟土壤养分含量（微克/克）；

$S_{肥}$——施肥沟面积（米^2），约0.45米^2；
$D_{非}$——非肥沟土壤养分含量（微克/克）；
$S_{非}$——非肥沟面积（米^2），$S_{单}-S_{肥}$；
$S_{单}$——单株胡椒占地面积（米^2），为株距和行距的乘积。

表4-1　单株叶片养分临界值

营养元素	单株叶片养分临界值（克/千克）	
	4月	10月
氮（N）	27.0～31.0	29.0～35.0
磷（P）	1.7～2.1	1.6～2.0
钾（K）	16.0～20.0	18.0～25.0
钙（Ca）	11.0～13.0	10.0～12.0
镁（Mg）	2.3～3.0	2.7～3.1

表4-2　全株养分与叶片养分比值

营养元素	氮（N）	磷（P）	钾（K）	钙（Ca）	镁（Mg）
全株养分与叶片养分比值	6.05	6.80	5.25	5.83	5.42

表4-3　单位白胡椒需养分量

营养元素	氮（N）	磷（P）	钾（K）	钙（Ca）	镁（Mg）
单位白胡椒需养分量（克/千克）	33.60	2.50	16.20	5.90	2.38

表4-4　肥料利用率

营养元素	氮（N）	磷（P）	钾（K）	钙（Ca）	镁（Mg）
肥料利用率（%）	40	10	40	30	30

（三）施肥方式

1. 浅沟施　化学肥料、腐熟的牛粪、堆肥等多采用沟施。

在植株两旁开半月形沟或开马蹄形环沟（图 4-18）。沟离树冠叶缘 10 厘米左右，深 10～15 厘米，多种肥料同时施用时宜深些。地面不平时，要分段挖沟，肥沟要水平。施肥后应覆土，使之略高出地面，防止肥沟土壤下陷积水。

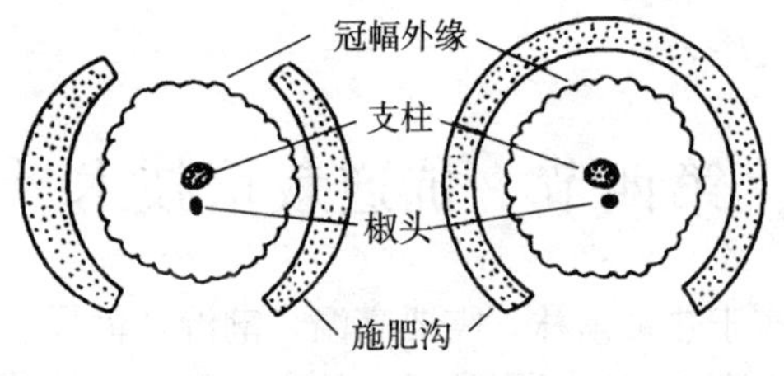

图 4-18　浅沟施肥

2. 穴施　半腐熟的有机肥一般采用穴施，与幼龄胡椒施肥基本相同，但肥穴不宜太深，防止损伤较粗的根系。一般挖穴长约 80 厘米，宽 30 厘米，深 30～60 厘米，随树龄的增大而逐渐浅挖。

3. 撒施　火烧土、草木灰等肥料一般采用撒施。先将肥料拌均匀，撒施于树冠下的地面及周围，但不能撒在胡椒头上，避免伤害蔓节，引起病害。撒施后再浅松土。

4. 根外追肥　植物叶面肥采取根外追肥的方法施用。

十二、胡椒肥害处理

（一）肥害简介

施肥浓度过大，用量过多，施肥的位置太靠近胡椒头可引起肥害。其中以施用未腐熟的牛粪、过磷酸钙成块、化肥浓度大、直接施于胡椒头或施用咸鱼肥等造成肥害的现象较普遍。

（二）处理方法

出现肥害后，应及时将肥沟挖开，用水冲洗降低肥料浓度。

待肥沟干后，培回新土。施化学肥料引起肥害时，应及时将肥料挖出来，用水冲洗肥穴，将受害的根系切除，随即喷 1∶2∶100 的波尔多液或 1%的霜疫灵，填进新土，并培高胡椒头，多埋进 2～3 节主蔓，促进新根生长，扩大根系。同时根据地下根系腐烂情况切除烂根，适当摘除地上部分的叶、花、果，加强管理，促进植株恢复生长。

第四节　抗逆栽培技术

胡椒原产于热带雨林，需要高温、潮湿、静风、土壤肥沃和排水良好的生态环境，具有怕风、怕寒、怕旱、怕渍的特点。我国胡椒种植区主要位于海南、云南、广东、广西、福建等省（自治区），各种植区由于环境条件的差异，造成胡椒必须不同程度的面对各种逆境条件，包括低温、干旱、风害、水害等，如我国胡椒优势主产区的海南文昌、琼海、万宁、海口等地有台风多、雨量大且集中的不利条件；海南的乐东、东方等地有高温干旱的不利条件；云南的保山、德宏等地有低温干旱的不利条件；广西南部、广东西南部、福建的云霄县等地有低温寒害的不利条件等。因此，为确保胡椒的安全生产，必须高度重视通过栽培措施提高胡椒的抗逆能力，尽量减少逆境损失。现将抗逆栽培技术要点简要介绍如下。

一、抗风栽培技术

胡椒为多年生攀缘藤本植物，主要靠主蔓的吸根吸附于攀缘物上向上生长，且经过整形修剪后，胡椒树冠多呈圆筒形，冠幅大、体积大，极易受到热带风暴、台风等的影响而造成主蔓脱落、断倒，乃至全株倒伏折断死亡。为确保胡椒在遭受热带风暴、台风等的不利条件影响时，尽量减少灾害损失，应加强胡椒园预防台风的田间管理。

（一）预防台风田间管理技术

1. 园区规划　为减轻风害损失，园区规划面积不宜太大，一般大小以3～5亩为宜，东西走向，呈长方形。

2. 营造防风林　防风林是帮助胡椒园抵御风害的最好屏障，因此种植胡椒时，胡椒园区四周应营造防风林。林带距边行胡椒不少于4.5米；主林带位于高处与主风向垂直，植树7～9行；副林带与主林带垂直，植树5行左右。

3. 竖支柱　为抵御台风侵袭，胡椒支柱宜采用较坚固的石支柱或水泥支柱，柱长2～3米，头径12厘米×（12～14）厘米，尾径10厘米×12厘米，周身均匀。支柱地上部高度高于或等于2.2米时，埋入地下深度80厘米以上；地上部高度低于2.2米时，埋入地下深度70厘米以上。

4. 绑蔓　绑蔓是防止胡椒主蔓从支柱上脱落而造成伤害的最重要、最关键的措施，也是预防胡椒风害损失的重要措施。

（1）*材料*　未木栓化的主蔓用柔软的塑料绳或麻绳绑蔓，木栓化的主蔓用尼龙绳绑蔓。

（2）*方法*　幼龄胡椒新蔓抽出3～4节时开始绑蔓，以后每隔10天左右绑1次，每2个节绑1道。做种苗的主蔓应每节都绑；结果胡椒每40厘米绑1道。

（3）*检查*　每年5～6月，即台风季节到来之前，逐园逐株检查，对绑绳进行加固和更新，以防主蔓脱柱扭伤，并上下移动绑缚位置，防止因绑绳过久勒伤主蔓。

（二）台风灾后处理

台风风力大小不同，对胡椒造成的损害也各不相同，主要有以下几种情况：胡椒落叶、落花、落果，枝条损伤；脱顶，脱柱；断柱，倒伏等。

1. 风害仅导致胡椒落叶、落花、落果的处理 晴天土壤干燥后，全园打扫枯枝落叶，喷施农药进行土壤消毒，适当补施肥料。

2. 整株断柱倒地胡椒的抢救

（1）支柱接近地面断倒 第一种情况，支柱接近地面断倒后，若大部分主蔓受损，抢救不成可放弃，并清除，准备补种；第二种情况，支柱接近地面断倒后，若大部分主蔓完好，先解开绑绳（顶端的绑绳保留），将主蔓剥离原断柱，挖出断柱，换上新柱，再用支架将主蔓扶起，移动靠近新支柱，用尼龙绳将主蔓绑到新支柱上，淋25%的甲霜灵可湿性粉剂500倍液5千克。

（2）支柱中间断倒 部分主蔓受损，可在受损位置（以主蔓受损最低的位置为标准）将主蔓剪掉，挖出断柱，换上新柱，将保留的下段主蔓绑到新柱上，淋25%甲霜灵可湿性粉剂500倍液5千克。

3. 被吹斜的胡椒抢救 及时扶正支柱，将土填实，淋25%的甲霜灵可湿性粉剂500倍液5千克。

4. 脱顶脱柱胡椒的抢救 剪掉受损主蔓或枝条，用尼龙绳重新绑好。

二、抗涝栽培技术

胡椒怕渍，胡椒根层及地下蔓在水中浸泡超过2小时，即会造成损害、腐烂，最后导致植株的死亡。此外，椒园浸水还会引发胡椒瘟病的发生，从而加速胡椒植株的死亡。为确保胡椒不因水害而造成重大损失，在年降水量较大（年降水量大于1 800毫米，特别是降水量比较集中）地区种植胡椒应重点做好椒园的防水工作。

（一）预防水害发生技术要点

1. 设置排水系统 预防水害的关键就是设置排水系统，确保胡椒园不积水，特别是在暴雨过后能在半小时内彻底排干净椒园的所有地表水。排水系统由园区四周的环园大沟、园内纵沟、垄沟或梯田内壁小沟互相连通组成。

（1）大沟 一般距防护林 2 米，距胡椒边行植株 2.5 米，沟宽 60～80 厘米，深 80～100 厘米。

（2）纵沟 园内每隔 12～15 株胡椒开 1 条纵沟，沟宽 50 厘米，深 60 厘米。

（3）小沟 小梯田在内侧、大梯田在行间挖 1 条小排水沟。

2. 起垄 平地种植胡椒必须起垄，垄高 30 厘米。

3. 椒头培土 冬天低温干旱时，结合松土对椒头进行培土，使椒头高出地面 30 厘米，确保椒头在雨季不易积水。

4. 剪除送嫁枝 植株封顶后应当剪除“送嫁枝”，保持椒头通风，减少因长期降雨而造成瘟病发生的几率。

（二）水害症状

1. 轻度症状 地上部主蔓及枝条顶端嫩叶组织充水，略呈透明状，叶脉呈淡绿色，叶尖稍为翘起，主蔓顶端深紫色，植株中、下部已稳定的叶片深绿色且光泽格外明显。这时土壤水分饱和，吸收根开始受害腐烂。

2. 重度症状 在阴天植株上部蔓、枝的嫩叶叶脉深绿色，叶缘稍向叶背卷曲，叶片下垂，叶面没有光泽，呈轻度失水状态。晴天太阳照射后，叶片明显失水下垂，特别是嫩叶更为明显。这时下层根系和地下蔓底部 1～2 节开始腐烂，呈水渍状。

（三）水害处理技术

1. 排除田间积水 及时清除枯枝落叶、淤泥等杂物，将胡椒园四周的环园沟和中间的纵沟加深，降低胡椒园地下水位，疏通排水沟，尽快排除田间积水。

2. 处理受损植株 排水后及时扶正培直植株，以免根系受到机械损伤；叶面淤泥应及时洗去，便于进行光合作用，促进植株恢复生长。水害严重的植株，在离胡椒头50厘米的地方将土挖开，将受害的蔓、根切除干净，然后用1∶2∶100波尔多液或1%霜疫灵涂切口。经晾干后，填进新的表土并踏紧，使之高出地面，防止渍水。根据地下蔓和根系的切除情况，适当摘掉部分叶、花、果，稍加荫蔽，加强管理，促进植株恢复。

3. 及时松土 排水后土壤板结严重的地块，应及时松土，破除板结。

4. 增施速效肥 在植株恢复生长后，根据长势，适当追施水肥或尿素等。

三、抗旱栽培技术

胡椒怕旱，出现旱情，胡椒园土壤水分不足时，胡椒叶片逐渐失绿黄化，半枯或全枯叶片增多，引起植株落叶、落花、落果，干旱严重时植株枯死。进入夏季，温度过高对胡椒生长不利，地表温度过高，胡椒头、地表根系和接触地面的叶片往往会被灼伤。因此，种植胡椒在选地时要考虑有水源并设置灌水系统。要重视胡椒园旱情，贯彻各项抗旱技术措施，减少旱灾损失。

（一）合理密植

在少雨缺水的立地条件下，合理密植可使树体获得充足的水分、养分，实现优质丰产，一般进行中等密度栽植，柱高1.5米，株行距1.8米×2米。

（二）松土

松土是抗旱保墒的主要措施之一，应在旱季来临之前的雨后进行。主要作用是破坏土壤毛细管，减少水分蒸发，同时还可以清除杂草，以免其与胡椒争夺水分。松土要先在树冠周围浅松，然后逐渐往树冠外围及行间深松，深度 20 厘米左右。松土时要将土块略加打碎，同时还要结合维修梯田和胡椒垄。

（三）荫蔽

荫蔽可降低土壤温度、减少椒园水分蒸发。一般在 3 月初开始对二龄以下胡椒中、小苗的荫蔽情况进行检查。荫蔽不好或荫蔽物少的要增加荫蔽物，以保证不让强烈的太阳光晒到胡椒头，以顺利度过高温干旱季节（荫蔽物可以是芒箕、椰子叶或不容易落叶的树枝）。遇到高温烈日还可以搭大荫棚，上面盖上椰子叶或遮阳网，进入秋季阳光减弱天气凉爽时，再将椰子叶或遮阳网撤下来。

（四）间作

干旱地区，特别是高温干旱地区种植胡椒，应在夏季和干旱季节到来之前在胡椒行间间作一些一年生低矮的或冠幅较为稀疏的作物，如豆科绿肥、三毛豆、玉米、甘蔗、香蕉等；也可以间作一些冠幅较为稀疏、高大的多年生经济作物，如槟榔、椰子、咖啡等以达到提高复种指数、降低土壤温度、减少水分蒸发的作用。间作物的种植密度以不影响胡椒正常生长发育为度。

（五）深翻扩穴

深翻扩穴也是椒园土壤抗旱保墒的措施之一，胡椒定植后 3 年内分次进行正面和两侧深翻扩穴。这项工作可以在每年 3～5 月进行，做法是挖一个长 80 厘米、宽 30～40 厘米、深 70～80

厘米的大穴，每穴放 30 千克腐熟的有机肥，过磷酸钙 0.25～0.5 千克在穴边与表土混匀后填入穴中踏实。填土要稍高于原土面。深翻扩穴可增加土壤空隙和破坏土壤的毛细管，可以增加土壤蓄水量，也能减少土壤水分蒸发。加入有机肥，培肥土壤，增加土壤团粒结构，可提高抗旱能力。

（六）合理施肥

增施有机肥，改变偏施氮肥的施肥习惯，实行配方施肥，增强树势，提高胡椒树体的抗旱力；秋季雨水多，土壤湿度大，及时施基肥有利于树体贮藏养分，这样即使次年春季干旱也能保证植株生长健壮，抗旱力增强；施肥应合理深施，诱导根系向下生长，增强抗旱能力。

（七）蓄积降雨

山坡、旱坡、丘陵园地种胡椒应修建梯田和鱼鳞坑，进行等高栽植；此外，在旱季胡椒头可作成兜状，以蓄积降雨到行内和椒头，提高局部土壤的水分利用能力，增加抗旱性。

（八）合理修剪

干旱地区幼龄胡椒在剪蔓时应尽量避免造成伤口，必要时要用封剪油或润肤油及时涂抹伤口，防止树液蒸发。及时剪除顶芽、徒长蔓等，摘除非主花期花穗，减少水分蒸发；在干旱地区，可不剪除送嫁枝，以确保椒头处于较为荫蔽的状态，降低地面水分蒸发；实行以花定果，合理负载，限制产量，减少树体养分的消耗。

（九）合理覆盖

1. 活覆盖 胡椒园表土经日晒、雨淋、风化及耕作，变得越来越细碎、圆滑和干燥，导致土壤密度变大，不利于透气、透水和保肥，雨季易形成地表径流，造成水土流失、养分损失，不利于作物生长。干旱地区胡椒园可选留适量草进行覆盖，可固定表土，防止水土流失。有活覆盖的胡椒园，地下动物活动可疏松土壤，储存雨水；地表较为粗糙，多为不规则的团块结构，不易形成地表径流；草的冠层可以抵挡雨水对地面的撞击和破坏，根系可固定表土，减少雨水冲刷，起到了保土、保水和保肥的作用。此外，活覆盖能够吸收太阳的辐射，减少蒸发量，有效降低地表温度。

2. 死覆盖　年降水量低于 1 400 毫米的地区或保肥保水能力差的沙壤土，应在旱季松土后用椰糠或稻草覆盖，有胡椒瘟病发生时不宜覆盖。

3. 薄膜覆盖　薄膜覆盖具有良好的蓄水作用，可以提高土壤温度，有利于早春根系生理活性的提高，促进微生物活动，加速有机质分解，增加土壤肥力。此外，还具有促进果实成熟和抑制杂草生长的作用。

（十）节水灌溉

1. 滴灌　滴灌是最节约用水的一种抗旱措施，整个系统包括控制设备（水泵、水表、压力表、过滤器、混肥罐等）、干管、支管、毛管和滴头。具有一定压力的水从水源严格过滤后流入干管和支管，把水送到园地，以便胡椒根系分布层的土壤一直保持最适的湿度状态。

2. 喷灌　喷灌也可节约用水（用水量为地面灌溉的 1/4），保护土壤结构；能够调节胡椒园小气候，清洁叶面，遇到霜冻时还可减轻冻害；炎夏喷灌可降低叶温、气温和土温，防止高温、日灼伤害。喷灌设施包括水源、进水管、水泵站、输水管道、竖管和喷头几部分。应用时可根据土壤质地、湿润程度、风力大小等调节压力、选用喷头及确定喷灌强度，以便达到无渗漏、径流损失，又不破坏土壤结构，同时能均匀湿润土壤的目的。

（十一）应用抗旱新技术

1. 施用吸湿剂 吸湿剂是一种聚丙烯类物质，吸水保湿性极强，其吸水性能超过自重的 1 000 倍，并有优异的保水性能，在干燥的环境下表面能形成阻力膜，阻止膜内水分外溢和蒸发。如果在 1 米^{2}的范围内撒下 100 克，便可使土壤水分增加 800 倍，使土壤水分蒸发减少 75%，并可以从大气中吸水。在一次浇水或雨后便可将水分长期保留下来，供树体长年吸收。它遇水膨胀和失水干缩的循环还可以增加土壤孔隙度，防止土壤板结，有利于根系呼吸生长发育。

2. 应用抗蒸剂 胡椒树体吸收的大部分水分用于蒸腾，而用于树体生理代谢的只占极少部分。因此，在不影响树体生理活动的前提下，适当减少水分蒸腾，就可达到经济用水、提高树体水分利用率的目的。一个理想的能够提高植物抗旱能力的药物的筛选，应要求既能促进根系发育，又能在一定程度上关闭气孔，降低蒸腾，即同时具有“开源”和“节流”的作用。在果树上广泛应用的黄腐酸可显著降低蒸腾，改善树体内的水分状况，明显提高树体抗旱能力，可根据实际情况使用。

四、抗寒栽培技术

胡椒在年平均气温大于 20℃的无霜或基本无霜地区，能正常生长和开花结果；当年平均气温在 24～28℃时最适宜胡椒生长；旬平均气温低于 18℃，胡椒生长缓慢；旬平均气温低于 15℃时，基本停止生长；最低温度低于 10℃时，嫩叶出现寒害；最低气温低于 6℃，持续 2～3 天，嫩蔓、嫩枝受害，出现断顶；气温低于 3℃将导致节枝脱落、蔓枯，甚至落果而造成失收。

（一）寒害症状

轻度寒害症状表现为：顶芽干枯，叶片脱落，蔓枝脱节；重度寒害症状表现为：枝条脱落，主蔓光秃，甚至整株死亡。

（二）防寒技术

1. 选好避寒地形　在低温地区（如云南、广西、福建等地）种植胡椒，应选在向阳坡和避风的地方。特别是在云南地区种植胡椒更应注意地形的选择。从大环境来看，哀牢山以东属平流降温地区，胡椒寒害随海拔升高而加重，坡下受害轻，坡上受害重，背风面受害轻，迎风面受害重；哀牢山以西属辐射形降温地区，逆温现象显著，胡椒寒害随海拔升高而减轻，因此该地区胡椒宜植地的选择，应在大环境适宜种植胡椒的前提下，注重小环境、小地貌的选择，一般应选缓坡地、丘陵、向南开口的马蹄形地形或台地，坡向为南坡或西南坡，低洼地特别是锅形地不宜选用。

2. 营造防风林　完整的防风林可以抵御寒风直接入侵胡椒植株，以保护植株安全越冬。一般每3～5亩胡椒园，四周应营造防护林，其中主林带与主风向垂直，植树9～11行；副林带与主林带垂直，植树4～5行。

3. 施钾肥　越冬前施草木灰、火烧土等富含钾的肥料，或施用化学钾肥，如硫酸钾、氯化钾等，结果胡椒每株施氯化钾150～250克，幼龄胡椒每株施50～100克。

4. 松土　越冬前胡椒园应进行全面松土，松土深度约5～50厘米，松土时近椒头松土浅些，向外松土逐渐加深，同时应进行培土。

5. 地面覆盖　在松土完成后用稻草、椰糠等覆盖物或塑料薄膜进行地面覆盖，增加土壤温度。

6. 灌水 低温前灌水，可以减轻辐射降温的危害。

7. 控制花期 易受寒害的地区种植胡椒应放春花或提早放秋花，在寒害到来之前，枝条新梢已老化，果实养分积累增加，不易受寒害。

8. 熏烟 熏烟可以提高胡椒园温度。当气温下降到5℃时，可用杂草、谷壳等物制成熏烟堆，熏烟时注意风向及烟量。

9. 盖“蒙古包”及“稻草人” 未封顶的幼龄胡椒可以盖“蒙古包”进行防寒，即把稻草一端扎起来，罩住植株。

10. 做防寒罩 有霜冻的地区，晚间温度较低，可用塑料薄膜或用塑料薄膜做出塑料袋罩住植株，白天气温升高时再解开。前者适用于苗床，后者适用于结果胡椒。

11. 搭防霜棚 幼龄胡椒园可以搭防霜棚进行防寒，1株（或几株）胡椒搭一草棚，周围用草遮盖，只留西面1个活动门，早、晚温度较低时盖住，白天气温升高时揭开。

12. 搭防风屏障 对于平流型寒潮的袭击，可以用搭防风屏障的方法进行防寒，即在胡椒园旁边寒风入侵的主要方向用塑料膜等物搭盖3～5米高的防风屏障挡风，可以达到防寒的目的。

13. 改变种植方式 容易受寒害的地区，最好采用矮株密植的栽培方式，有利于寒害后树形的恢复和结果。

（三）寒害后的处理技术

1. 清除园区枯枝落叶 胡椒受寒后，枯枝落叶较多，应在晴天土壤干燥后，及时清理。

2. 修剪受害枝蔓 天气回暖后，应及时剪除已受害枝蔓。

3. 施肥 结果胡椒应在天气回暖后及时施保果壮果肥，可每株施氯化钾150克、复合肥150～200克。幼龄胡椒应在天气回暖后及时施水肥和复合肥每株50～100克。

4. 挖除死株并及时补种 寒害致死的植株，应在土壤干燥后及时挖除，并彻底清除地上的根、枝、蔓和叶等杂物，让其暴晒 3 个月后，再补种。

5. 病害防治　长期阴雨的地区，应采取相应措施防治胡椒瘟病等病害。

第五章 胡椒主要病虫害安全防控技术

第一节　病虫害防治原则

应遵循“预防为主、综合防治”的植保方针，从种植园整个生态系统出发，针对胡椒大田生产过程中主要病虫害的发生特点及防治要求，综合考虑影响病虫害发生、为害的各种因素，以农业防治为基础，加强区域性植物检疫，协调应用生物防治、物理防治和化学防治等措施对病虫害进行安全、有效的控制。

一、培育无病种苗

应从无病区或病区中的无病胡椒中选取优良插条苗，在苗圃培育无病种苗。

二、修建排水系统

建园时修筑灌溉排水系统，保证雨季田间不积水，旱季可灌溉。

三、加强田间管理

加强施肥、覆盖物、除草、引蔓、修剪等田间管理，使植株长势良好，提高抗性，并创造不利于病虫害发生发展的环境。

四、经常检查

加强田间巡查监测，掌握病虫害发生动态，根据病虫害为害程度，及时采取控制措施。

五、搞好田间卫生

及时清除病株或地面的病叶、病蔓、病果荚，集中带到园外烧毁或深埋。修剪或采摘病叶、病蔓后要在当天喷施农药保护，防止病菌从伤口侵入。

六、合理喷药

严格掌握农药的使用浓度、使用剂量、使用次数、施药方法和安全间隔期。应进行药剂的合理轮换使用。

第二节　胡椒瘟病综合防治技术

胡椒瘟病，也称茎基腐病，是世界各胡椒生产地区最重要的病害。我国海南、广东、广西、云南等胡椒栽种地区都有此病发生，而海南省和广东省雷州半岛地区最为严重，已成为该地区发展胡椒生产的重要限制因素。海南岛自 1954 年较大量试种胡椒以来，1956 年起已陆续出现过类似胡椒瘟病的叶斑和死株，但当时笼统地归因于水害和栽培不当。此后，1964 年、1967 年、1970—1972 年胡椒瘟病在海南发生大流行。仅经 1970—1972 年流行之后，海南的种椒面积就减少了 1/5。该病对海南的胡椒生产造成了严重损失。1989 年万宁地区的胡椒因胡椒瘟病几乎全部毁灭；2008—2009 年，我们在琼山、琼海、万宁等地的多块胡椒园都发现有胡椒瘟病，最严重的发病率达到 50%以上。

一、胡椒瘟病的症状以及发生流行规律

（一）症状

病菌可以侵染胡椒的根、茎、枝、叶、花穗及果穗等任何器官，形成斑点或使组织腐烂，导致植株大量落叶甚至死亡。在病害流行期间，发病胡椒园的最显著的特征是在椒园内可见到叶片大量脱落、凋萎和快速死亡的植株。病害在短期内，可把整个胡椒园的全部植株摧毁。

1. 叶片 病菌侵染叶片 2～3 天后，便出现斑点，最初为灰黑色，斑点扩大后变成黑褐色，病斑一般为圆形，较大，直径约 3～5 厘米。对光检查时，可见病斑边缘呈放射（扩散）状，有水渍状晕圈（图 5-1）。感病叶片容易脱落。在潮湿天气，病斑扩展快，在叶背面长出白色霉状物（菌丝体、孢子梗和孢子囊）。雨后转晴时，病斑中央褪为灰褐色，边缘仍保持黑褐色，但放射状不明显，这时，特别是在叶尖的病斑，易被误认为炭疽病。

图 5-1 胡椒瘟病感病叶片

2. 胡椒头（茎基部） 椒头感病多半发生在离地面约 20 厘米范围内的部位。木栓化的主蔓感病，初期外表皮没有明显的症状，刮去外表皮，显出内皮层变黑。作 V 形剖面时，可见木质

部呈淡褐色（图 5-2），导管变黑褐色，病健交界不明显。病害后期，外表皮亦变黑，木质部腐烂，并溢出黑水。

图 5-2　胡椒瘟病感病椒头

（二）病害的发生与流行

1. 病害的发生　病害周年均可发生。一般雨季后，开始出现叶片侵染。在椒园的进口、路边、坡下、或水沟边的植株，其贴近地面的外层叶片出现病斑，或出现个别死亡植株。台风雨季节（9～11 月），病害开始流行，贴近地面的叶片、嫩蔓和花果穗大量感病，随后胡椒头和根部也表现出受侵染的症状。到11～12 月感病植株大量死亡。在海南地区 1 个胡椒园从病害开始出现到整个胡椒园被毁灭，快则半年到 1 年，慢则数年。

2. 病菌的来源、传播、流行　病菌的主要来源为带菌的土壤，病死植株的病残屑，及其他寄主。其传播主要通过水流（灌溉水，大雨期地面径流水），风雨以及人、畜、工具和种苗等。病害的流行过程可划分为：中心病株（区），普遍蔓延，严重发病和病情（流行速度）下降 4 个阶段。

二、农业措施

采用以控制胡椒园水分为主的综合农业措施，尽早发现病害，及时和适当地使用化学农药，对胡椒瘟病的防治有良好的效果。

（一）新建胡椒园要搞好规划和基本建设

椒园不宜过于集中，每个椒园的面积不宜太大，一般 3～5

亩为宜。要选择排水和透水性较好的土壤，尽量避免选用靠近河边、沟边、水库边等地下水位高，容易被淹水或难于排水的低洼地，或过于靠近居民住宅的地段。搞好排水系统，开设环园排水沟，修好梯田，等高起畦，椒头培高等。

（二）注意培育和选用无病壮苗

不要在病椒园取种苗，在田间切取插条种苗时，应避免种苗与土壤接触，应选用无病土育苗，苗圃地应离胡椒园远些。

（三）加强抚育管理

注意除草松土和施肥时，不要损伤椒头和根。适当修剪贴近地面的枝叶，搞好田间卫生，清除和烧毁枯枝落叶和病死植株的根、蔓。进行培土，使椒头及周围的土高出畦面呈龟背形。椒园种覆盖作物或用干草作覆盖。不要偏施氮肥。

（四）做好病情调查和病区隔离工作

病害流行季节，特别在台风雨后，专人负责普查病害发生情况。重点检查那些已进入结果期，靠近水沟、水库、地势低处和人行道的椒园。一旦发现病害，应及时施用药物进行防治，并立即把病区封锁，禁止随便进入椒园，不要乱翻动土壤，不要挖根调查，控制椒园内的排水系统和管理人员的田间操作等，尽量减少病菌通过水流和人为的传播途径进行传播。

三、药物防治

（一）病株处理

病叶少的胡椒，在露水干后采去病叶（病花、果穗），再喷药保护。病叶太多或天气不好，可先喷药1次，再采病叶。病叶采摘后要集中带到园外低处烧掉。可选用68%精甲霜·锰锌、25%甲霜·霜霉威或50%烯酰吗啉500倍液，整株喷药，叶片正反面都要喷湿，以有药液滴下为好。每隔7～10天喷1次，连喷2～3次，直到无新病叶产生为止。

（二）中心病区处理

发病初期在中心病区的胡椒树冠下淋68%精甲霜·锰锌、25%甲霜·霜霉威250倍液或1%硫酸铜（雨天用）进行土壤消毒，每次每株5～7.5千克，病株之间的土壤也同样消毒。雨天湿度大时亦可用1∶10粉状硫酸铜和沙土混合，均匀撒在冠幅内及株间土壤上。视病情轻重，淋药2～3次。病株周围3～4行的土壤也要淋药消毒。

四、病死株处理

病死株要及时挖掉，并清除残枝蔓根，集中带到园外低处烧毁。病死株植穴用火烧或用2%硫酸铜液消毒或暴晒至少半年。阳光暴晒和火烧植穴一般要经半年之后才没有病菌存在。

第三节　胡椒细菌性叶斑病防治技术

胡椒细菌性叶斑病，于1962年在海南省兴隆地区开始零星发生，尚未造成灾害。但70年代后，海南省东部地区发病严重。据1973年兴隆华侨农场（南旺生产队）重病区36个胡椒园的调查，2.3万多株胡椒中，发病率73.8%，死亡率33.5%，产量比1972年减产50%。目前，广东、云南、福建和广西等胡椒种植区也都有此病发生。

一、细菌性叶斑病的症状以及发生流行规律

（一）症状

此病在各龄胡椒中均可发生，但以大、中椒苗发生较多。它主要为害叶片、枝蔓、花序和果穗。

1. 叶片 病斑初期呈多角形，水渍状。数天后，变成紫褐色圆形或多角形，随后逐渐变黑褐色。后期，许多病斑汇合成一个灰色的大病斑，边缘有黄色晕圈。病健交界处有一条紫色分界线。在潮湿条件下，叶片上病斑叶背面出现细菌溢脓，干燥后形成一层明胶状薄膜（图 5－3）。

图 5－3　胡椒细菌性叶斑病病叶

2. 果穗 病斑初为圆形，呈紫色，后期整个果粒变黑。

3. 枝、蔓 一般病菌多从节间或伤口侵入，呈不规则形的紫褐色病斑，剥开茎部病组织，可见导管已变色。

4. 感病的叶片、枝蔓和果穗容易脱落，受害严重的植株叶片和枝条都会不断脱落，以至只剩下几条光秃的主蔓，植株丧失生产能力，甚至整株死亡，造成严重减产失收。

（二）病害的发生与流行

此病的发生和流行与气候、环境条件及栽培管理情况有密切关系。病害流行主要在台风雨季节。台风雨袭击胡椒后，造成大

量伤口，为病菌侵染提供条件。同时，台风雨伴随着冷凉和高湿度，是有利于病害流行的温湿条件。虽然病害整年均可发生，但高温干旱不利于病害的发生和流行。防护林营造得好，受台风为害较小的椒园，病害较轻。一般抚育管理好，合理施肥，增施有机肥、石灰和草木灰的椒园，发病较轻，反之病重。

二、农业措施

1. 严禁从病区引进种苗，培育和种植无病胡椒苗。

2. 选择排水良好和避风的地块建园，椒园面积以3～5亩为宜，挖好椒园内、外的排水沟，营造好防护林。

3. 做好田园清洁，定期清除枯枝落叶并及时清出园外集中烧毁。

4. 加强椒园抚育管理，多施有机肥，提高植株抗病能力。

三、药物防治

雨季到来前将园内感病叶片全部摘除并集中烧毁，选用1%波尔多液、77%可杀得可湿性粉剂500倍液或72%农用硫酸链霉素可溶性粉剂2 000倍稀释液喷射病株及其邻近植株，病株的地面要同时喷药消毒，7～10天1次，连喷3～5次。雨天或晴天露水未干时不进椒园作业。雨季半个月检查、防治1次，旱季1个月检查、防治1次。台风前也要进行检查、防治。

四、病株处理

对重病植株病叶太多、人工摘除困难的，可喷施1%硫酸铜液促使整株叶片脱落，后整株喷1%霜疫灵以保护伤口，地面也喷1%霜疫灵消毒。然后增施肥料、适当遮阴，使其恢复生长。

胡椒长出新叶后，再感病的胡椒按轻病椒园的防治措施处理。在流行期对发病椒园可定期喷施波尔多液或霜疫灵药液，10～14天1次，连喷几次。

第四节　胡椒花叶病防治技术

胡椒病毒病又叫花叶病。受害植株生长受到显著的抑制，植株比正常株矮1/3以上，重病胡椒园，发病率达80%～90%。据报道由胡椒花叶病为害所致的胡椒年生产损失，估计可达27%～43%。我国海南、广东、广西、云南、福建胡椒栽种地区均有本病发生。

一、花叶病的症状以及发生流行规律

（一）症状

本病一般有两类型的症状，一种植株矮小，主蔓萎缩，节间缩短，叶色斑驳，叶片皱缩变厚、变小、变狭、卷曲、畸形，果穗短，果粒小，结果不正常，产量很低，另一种是植株的生长均较正常，只是部分椒叶表现出叶色浓淡不均的花叶症状（图5-4）。

图5-4　胡椒花叶病的两种症状

此外，还有一种由类菌质体引起的胡椒黄化病。感病植株矮小，嫩叶变小、黄化、畸形，病叶较硬较脆。

（二）病害的发生与流行

黄瓜花叶病毒的寄主范围很广，包括双子叶植物和单子叶植物共约22科70种植物。但黄瓜花叶病毒有许多毒系（株系）。现已知为害胡椒的黄瓜花叶病毒的寄主有胡椒、假蒟、蒌叶和假酸浆。

据报道用靠接、蚜虫传毒和汁液传毒接种等方法均可传播花叶病。染病时期和环境条件对症状表现也有密切关系。花叶病的发生与田间管理、气候条件也有密切的关系。管理差，特别在幼龄期，胡椒生长不良，花叶病发病率高且症状严重。一般气温较高和较干旱的地区，花叶病较严重，特别是高温干旱期间割蔓，其新抽出的嫩梢发病率高，且症状严重。温度影响病害的潜育期，气温高，潜育期短，气温越低，潜育期越长。

二、农业措施

（一）选用健康无病的种苗

只在健康胡椒植株上切蔓作繁殖种苗，不要在表现花叶症状的病株上取种苗。表现花叶症状的病苗须全部集中烧毁。

（二）加强抚育管理

胡椒定植大田后，要经常检查及补插荫蔽物，直至幼苗枝条能自行荫蔽椒头（约第二次割蔓后）时，才能除去荫蔽物。割蔓要掌握在雨季或雨后进行，尽量不要选择在高温干旱季节割苗。中、小苗阶段要及时合理施肥，保证有足够的养分，以提高胡椒的抗病能力。

（三）定植后在幼龄期应定期检查

发现花叶症状的病株或生长不良的植株，应清除烧毁，然后补植健壮苗。

三、化学防治

1. 经常喷药防治传毒昆虫，如蚜虫和棉蚜。

2. 喷1%波尔多液，每次喷药前要摘除病叶，隔7～10天喷1次，连续喷数次，或用40%乙磷铝（疫霉灵）可湿性粉剂800～1 000倍液喷雾，都有一定的效果。

3. 胡椒新蔓抽生期，对植株喷洒植病灵1 000倍液进行防病。

4. 幼龄胡椒发病，叶面喷洒病毒必克1 000倍液，同时可喷40%乐果乳油1 000倍液防治传毒昆虫如蚜虫和棉蚜。

5. 防治根结线虫，发现根结线虫可适当施用杀线虫剂处理土壤。

第五节　胡椒根结（瘤）线虫病防治技术

胡椒根结（瘤）线虫病是寄生性线虫侵入胡椒根部组织而引起的。被害植株地上部呈现生长停滞，叶片无光泽，黄萎，严重影响胡椒的生长和产量，幼龄胡椒受害尤为严重。根结线虫的寄主很多，分布广泛。我国各胡椒栽种地区都有此病发生。

一、胡椒根结（瘤）线虫病的症状以及发生流行规律

（一）症状

胡椒的大根和小根都能被根结线虫寄生。根结线虫侵入根部，多开始于根端，被害组织因受它的分泌物刺激，细胞异常增殖而膨大，使受害部呈现不规则、大小不一的根瘤，多数呈球形，宛似豆科作物的根瘤。由于侵入的时间先后不同因而使根瘤

形状多种多样，有的呈人参状或甘薯状。又因幼根生长点未遭损害而继续生长，根端继续遭受侵害而发生根瘤，使被害的根形成念珠状（图 5－5）。

根瘤初形成时呈浅白色，后来变为淡褐色或深褐色，最后呈黑褐色时根瘤开始腐烂。旱季根瘤干枯开裂，雨季根瘤腐烂，影响吸收根的生长及植株对养分的吸收。植株受害后（图 5－6），生长停滞，节间变短，叶色淡黄，落花落果，甚至整株死亡。

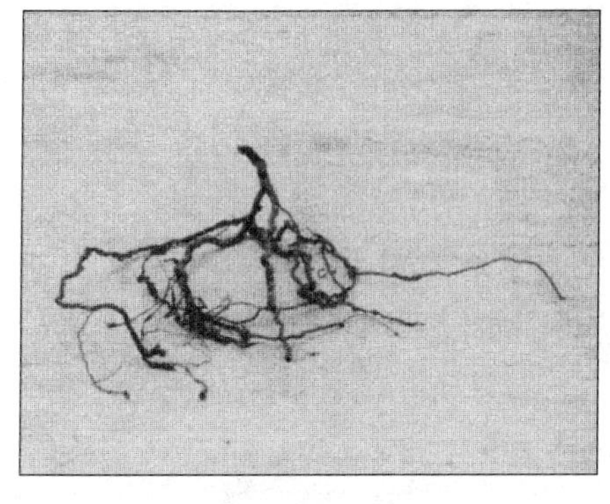

图 5－5　胡椒根结线虫病病根

图 5－6　根结线虫病整株外表症状

（二）病害的发生与流行

根结（瘤）线虫的寄主很多，分布广泛。热带作物中除为害胡椒之外，咖啡、可可、香茅、香根、番木瓜、香蕉、菠萝、印度罗芙木、甘蔗、烟草、生姜和秋葵等都同样遭受其为害。

胡椒根结线虫为害植物的种类虽然很多，但为害方式是一致的。同时，感染根结线虫是由于直接将寄主种植于染有根结线虫的土壤。在海南，胡椒根结线虫世代重叠，土壤中的第一代幼虫终年都可发现，因此，寄主的被侵染也是终年不断的。第一代幼虫大多集中在寄主根系范围内及根围土壤中。在旱季，寄主地上部症状表现得更为明显、严重。

根瘤在植株根上的垂直分布，可由地表直至725毫米深，平均在443毫米范围内，与寄主根的垂直分布有密切关系。

管理良好，根系发达，生势旺盛的植株，能对线虫增强抵抗力，根部虽然受害，但地上部可不表现病态或只表现轻度症状。

二、农业措施

（一）注意选地

选用无病种苗，避免选用前作寄主严重感病的地段培育胡椒苗或种植胡椒。

（二）深翻土壤

开垦胡椒园，在干旱季节将土壤深翻40厘米左右，反复翻晒2～3次。近水源的地方，可引水浸田两个月以上，排干水后再整地种植胡椒。

（三）加强抚育管理

进行厚覆盖，用禾本科植物作死覆盖或种植非寄主植物活覆盖。多施腐熟有机肥。深层施有机肥，把胡椒根系引入40厘米以下的土层里。如果在苗期和幼龄期能得到良好的抚育管理，使植株根系发达，生势旺盛，则会增强对线虫的抵抗力，地上部不致有病态。只要度过幼龄期，成龄植株虽有线虫为害，但还能较正常地生长发育和生产。另外，需适当施用磷、钾肥。

三、化学防治

1. 采用3%氯唑磷颗粒剂（米乐尔）、10%噻唑磷颗粒剂（福气多）或3%好年冬颗粒剂50～100克埋在发病植株根盘10～30厘米深处，盖土并淋水保湿。

2. 选用甲基异柳磷 50 毫升加水 20 千克淋 3 株（高毒农药，慎用）。

3. 选用十三吗啉 50 毫升加水 20 千克淋 3 株（高毒农药，慎用）。

此外，使用阿维灭线磷颗粒剂、博士 1∶4 颗粒剂、击线颗粒剂、阿维菌素加辛硫磷乳油等均有较好的防效。受害严重的植株可将受害根切除，培上新土，加强水肥管理，促其恢复生长。

第六节　其他病害防治技术

一、胡椒炭疽病

（一）症状

病斑多发生在叶片的叶尖及叶缘，病斑较大，呈褐色或灰白色，有淡黄色晕圈，病斑上有小黑点（即分生孢子堆），排列成同心轮纹（图 5-7）。

图 5-7　胡椒炭疽病病叶

图 5-8　胡椒根腐病整株症状

（二）防治

1. 以农业措施为主。胡椒炭疽病多发生在管理差、肥料不足和植株生长势衰弱的胡椒园。因此应加强抚育管理，增施肥料，提高胡椒植株的抗病能力。

2. 病害严重时，可用1%波尔多液喷射，或0.5%百菌清、多菌灵混合水剂，或0.2%敌菌丹喷射。

二、胡椒根腐病

（一）症状

感病植株地上部呈现生长停滞，叶片失色、黄萎、脱落，严重时植株死亡。感病植株的根部（地下蔓和根）的表面有菌索、菌膜。根据受害根部菌索、菌膜的颜色和形态特征可区分为红根腐病、褐根腐病和紫根腐病。

红根腐病：受侵染的根部，表面黏着一层泥沙，用水洗湿根部和洗去泥沙后，可见红色或枣红色菌膜。

褐根腐病：病根表面黏着泥沙，凹凸不平，不易洗脱，有铁锈绒状菌丝体和黑褐色薄而脆的菌膜，剖去皮层，木质部有蜂窝状褐纹。

紫根腐病：主蔓基部，常见有紫色松软如海绵状的菌膜（子实体）紧贴着。病根表面不粘泥沙，有密集的深紫色菌索覆盖着。

（二）防治

开垦胡椒地时，要彻底清除感病树头和树根。不宜采用易感病树种（如木麻黄、台湾相思、山竹子、凤凰木等）作胡椒支柱或胡椒园的防护林树种。如用木支柱，应剥去树皮，埋入土内部分要用火烧，进行炭化或用煤焦油涂刷。病区应尽量采用石柱或钢筋水泥柱。已用过的旧支柱，要经过处理后才能再使用；做好病株处理，小心地把病株椒头周围的土壤挖开，用小刀刮去病部、暴晒2～3天或涂杀菌剂，然后填回新表土。根部处理后，重病的植株可适当修剪地上部。

第七节　虫害防治技术

一、粉蚧类

（一）橘腺刺粉蚧及臀纹粉蚧

为害胡椒嫩梢及果穗的粉蚧有橘腺刺粉蚧和臀纹粉蚧两种。在旱季发生较多，雨季虫口密度显著下降。开始发生时有中心虫株，以后渐向四周扩散，不适当的喷杀菌剂（如波尔多液）可引起它们发生。防治方法为在椒园清除野生寄主刺桐，不宜用其作支柱；可喷40%乐果乳油500倍液。

（二）根粉蚧

为害胡椒根的粉蚧有根粉蚧一种，此虫的若虫与雌成虫生活在胡椒根部。胡椒受害后轻则生势衰退，造成减产，重则烂根整株死亡。可用对二氯苯撒埋入根旁，离土表5厘米的土壤中，具有一定的防治效果。

二、腰果角盲蝽

成虫、若虫吸食嫩梢及嫩叶组织使呈多角形黑斑，最后呈干枯状。目前此虫在我国海南胡椒园有蔓延的趋势，应引起重视。发生量大时可喷80%敌敌畏乳油2 000倍液加以防治。

三、橘二叉蚜

为害胡椒嫩梢、嫩叶及果，在海南、广东、广西、云南等热带地区均有发生。一年中冬、春为害严重，初期可使用40%的硫酸烟碱 800～1 000 倍液喷雾，若加 0.3%的肥皂可增加效果；橘二叉蚜的重要天敌有普通草蛉、六斑月瓢虫、横斑瓢虫、七星瓢虫、大绿食蚜蝇等，可保护这些天敌利用于防治。

第六章 胡椒初产品安全加工技术

第一节　采　　收

一、采收时间

胡椒的果实一般每年收获 1 次，采收期长达 2～3 个月，花期集中控制在秋季的地区（如海南），成熟期一般在次年的 5～7 月；花期集中控制在春季的地区（如云南），成熟期一般在次年的 1～3 月。胡椒果实在果穗上的成熟时间是不一致的，所以采收时应按适宜的成熟度分期分批采收，一般整个采收期采果 5～6 次，每隔 7～10 天采收 1 次。

二、采收标准

（一）采收前期和中期

每穗果实中有 2～4 粒果变红时，即可将整穗果实采摘。

（二）采收后期

可在胡椒果穗上大部分果实变黄时即将其整穗采摘。

第二节　黑胡椒安全加工技术

一、产品介绍

黑胡椒是指有外果皮的胡椒干果，一般是将胡椒果穗直接晒干或烘干而成，为棕褐色或黑色，表面有皱纹。100 千克胡椒鲜果大约可加工成 32～36 千克的商品黑胡椒。

二、工艺流程

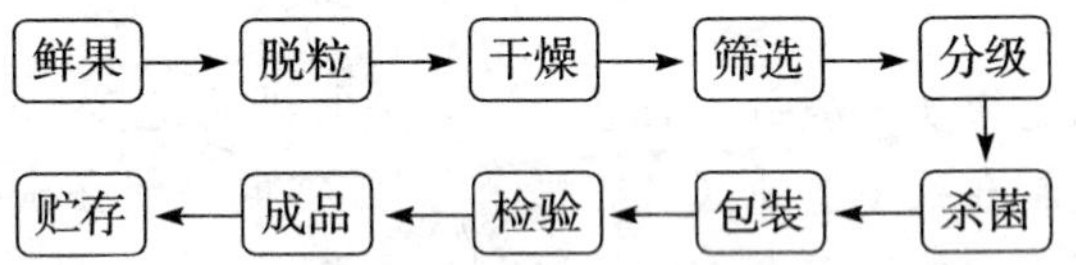

三、技术要点

（一）脱粒

分为人工脱粒和机械脱粒两种。将胡椒鲜果采用人工或者脱粒机进行脱粒，除去果梗，再用人工或者分级机按其颗粒大小进行分级。

（二）干燥

1. 日晒干燥法　经脱粒分级的胡椒鲜果摊开在平整、硬实、清洁卫生的晒场上，或清洁卫生、无毒、无异味的器具上，晒 4～6 天，至含水量小于 13%即可。用此方法加工黑胡椒成本低、简单易行，一般农户较易接受，但加工过程耗时长，且受天气影响较大，如遇天气不好时，则更易拖延晒干时间，致使黑胡椒更易受微生物感染，颜色暗淡，影响产品质量。

2. 人工加热干燥法 脱粒分级后的胡椒鲜果放入电热烘箱或人工加热的干燥房中烘干，温度控制在49～60℃之间，干燥24小时左右，至含水量小于13%即可。此加工方法时间短、效率高、加工过程中不易感染微生物，加工出来的黑胡椒质量较好，但成本较高，一般农户不易接受。

黑胡椒的干燥度也可用经验判断，方法是：将黑胡椒粒放入口中，用板牙轻轻咬压椒粒，如咬声清脆，胡椒粒裂成4～5块，表明胡椒粒干燥适度。

（三）筛选

经充分干燥的黑胡椒用筛子、风选机等设备，除去缺陷果及枝叶、果穗渣等杂质。

（四）分级

将筛选的黑胡椒按颗粒大小、色泽、气味及味道等的不同，按要求用人工或分级机进行分级处理。

（五）杀菌

经过分级的黑胡椒采用微波、辐照或远红外线等方式进行杀菌。

（六）包装

经杀菌处理的黑胡椒应按不同等级，及时装入相应的包装袋中，包装材料应无毒、清洁，符合食品包装要求；包装场所要求有相应的消毒、更衣、盥洗、采光、照明、通风、防尘、防蝇、防鼠、防虫、洗涤以及处理废水、存放垃圾和废弃物的设备或设施。

（七）检验

包装好的黑胡椒应根据相关操作规程的规定进行抽样检验，

合格方可入库。

（八）贮存

黑胡椒贮藏过程中要注意防潮，应贮存在通风性能良好、干燥、并具防虫和防鼠设施的库房中，地面要有垫仓板，堆放要整齐，堆间要有适当的通道以利通风。严禁与有毒、有害、有污染和有异味的物品混放。

黑胡椒的加工也可用热水浸泡法，即先将采摘下来的胡椒鲜果穗放入沸水中浸泡1分钟，捞起沥干水，再进行干燥脱粒、筛选、分级、杀菌、包装、贮存等工序，此方法一般2～3天即可将胡椒晒干，加工时间短，产品较清洁卫生，有诱人的黑色表皮，质量也较好。

第三节　白胡椒安全加工技术

一、产品介绍

白胡椒是指去掉外果皮的胡椒干果，即将成熟胡椒鲜果除去果皮、果肉后干燥而成，颜色随品种和加工方法的不同而从暗灰到全象牙白色，果粒一端表面圆滑完整，另一端（果蒂）则有小小隆起，果粒表面通常还有一条细小的黑痕垂直镶在两端。100千克胡椒鲜果（秋果）约可加工成25～30千克白胡椒，1千克白胡椒大约有19 000～24 000粒。

二、工艺流程

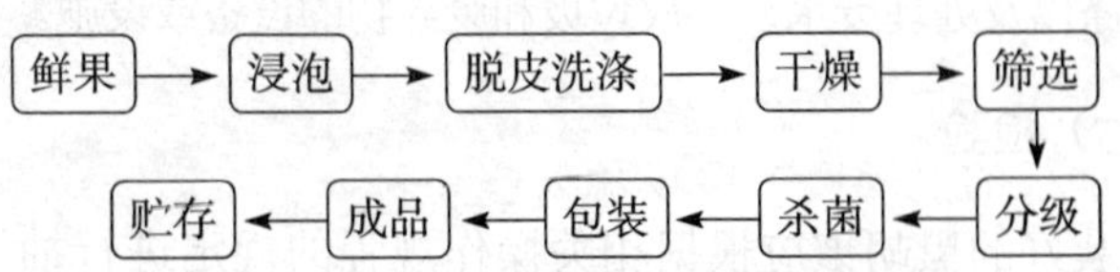

三、技术要点

（一）浸泡

1. 流动水浸泡　采摘的胡椒鲜果放入有流动水的胡椒浸泡池中，或者将胡椒鲜果装入胶丝袋或透水性良好的麻袋中，置于有流动水的河、沟中，连续浸泡7～10天，至外果皮完全腐化。

2. 静水浸泡　在没有流动水的情况下，也可用静水浸泡。即将采摘的胡椒鲜果直接放入胡椒浸泡池或容器中，加入洁净水（指自来水或未被污染的地表水）至浸过胡椒鲜果。采用静水浸泡须每天换水至少1次，且换水前应把池中原有的水彻底排净，并及时灌入洁净水，连续浸泡7～10天，直到外果皮完全腐化。

（二）脱皮洗涤

胡椒浸泡果采用人工或机械搓揉的方法去皮，然后用洁净水反复冲洗，除去果皮、果梗等杂质，直至洗净为止。人工方法成本较低，但该方法加工耗时长，劳动强度大，工效低，脱皮不干净、洗涤不彻底，加工质量不稳定。机械方法加工速度快、周期短、生产效率高。但机械脱皮过程中易导致胡椒鲜果破碎，从而产生一定的破碎率，同时机械洗涤时也可能会因水流紊乱等原因冲走部分果实，而造成一定的损失。

（三）干燥

将洗净的胡椒湿果摊开在平整、硬实、清洁卫生的晒场上，或清洁卫生、无毒、无异味的器具上晒2～3天，或置于（43±5）℃的烘房（箱）中烘24小时左右，至胡椒粒干燥适度，即含水量小于14%。

白胡椒的干燥度一般可用牙咬来判断：将白胡椒粒放入口中，用板牙轻轻咬压椒粒，如咬声清脆，胡椒粒裂成4～5块，表明胡椒粒干燥适度。

（四）筛选

经充分干燥的白胡椒用筛子、风选机等设备，除去缺陷果、黑果及果穗渣等杂质。

（五）分级

将筛选的白胡椒按颗粒大小、色泽、气味及味道等的不同，按要求用人工或分级机进行分级处理。

（六）杀菌

经过分级的白胡椒可采用微波、辐照或远红外线等方式进行杀菌。

（七）包装

经杀菌处理的白胡椒应按不同等级，及时装入相应的包装袋中，包装材料应无毒、清洁，符合食品包装要求；包装场所要求有相应的消毒、更衣、盥洗、采光、照明、通风、防尘、防蝇、防鼠、防虫、洗涤以及处理废水、存放垃圾和废弃物的设备或设施。

（八）检验

包装好的白胡椒应根据相关操作规程的规定进行抽样检验，合格方可入库。

（九）贮存

白胡椒贮藏过程中要注意防潮，应贮存在通风性能良好、干燥、并具防虫和防鼠设施的库房中，地面要有垫仓板，堆放要整齐，堆间要有适当的通道以利通风。严禁与有毒、有害、有污染和有异味的物品混放。

第四节　青胡椒安全加工技术

一、产品介绍

青胡椒系列产品是20世纪中后期开发出的新型胡椒产品，主要产品有脱水青胡椒、冻干青胡椒及盐水青胡椒。

二、工艺流程

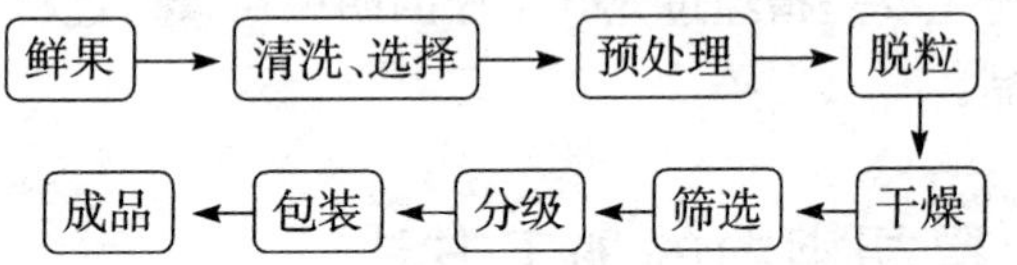

三、技术要点

（一）脱水青胡椒

加工脱水青胡椒的胡椒果应在成熟前10～30天采收。采收后的胡椒鲜果要及时清洗并除去劣质果，然后用热水烫20～25分钟，再放在40～75℃的热空气中迅速干燥，至水分含量小于12%即可。干燥后的产品要进行筛选、分级，然后包装。

（二）冻干青胡椒

加工冻干青胡椒的胡椒果应在成熟前5～15天采收，采后及时进行清洗，用热水进行预处理，迅速冷却，沥干水分，再用低温冻干至水分含量小于8%即可。已干燥的产品要进行筛选、分级，然后包装。

（三）盐水青胡椒

盐水青胡椒的加工方法是将生长期仅4～5个月的青胡椒果采下，脱粒后立即放在盐水中浸半小时，然后用自来水将其洗净。一般用乙酸及柠檬酸作为青胡椒的保存液，罐装或瓶装时加一定浓度的盐水，即成为盐水青胡椒。

第五节　胡椒粉安全加工技术

一、产品介绍

胡椒粉主要是指经过充分干燥的胡椒粒，通过粉碎机研磨而得的制成品。

二、黑胡椒粉的加工方法

把黑胡椒放入粉碎机中粉碎，再放入筛网中过筛，即成商品黑胡椒粉。

三、白胡椒粉的加工方法

把白胡椒放入粉碎机中粉碎，再放入筛网中过筛，即成商品白胡椒粉。

四、青胡椒粉的加工方法

将青胡椒干果放入粉碎机粉碎，再放入筛网中过筛，即为纯胡椒粉。

五、配制胡椒粉

将胡椒干果与一定比例的可食辅料（如炒干米粉、其他香料）混合后，放入粉碎机粉碎，再放入筛网中过筛所得的胡椒制成品，即为配制胡椒粉。

主要参考文献

黄朝豪，狄榕，马遥燕．1988. 胡椒花叶病传播途径的研究 [J]．热带作物学报（1）：27 - 28.

黄根深，黎德清．1991. 胡椒细菌性叶斑病的综合防治 [J]．热带农业科学（1）：71 - 74.

黄循精．2005. 2004 年世界胡椒的产销情况综述 [J]．世界热带农业信息（1）：4 - 5.

林鸿顿，邢谷杨．1983. 胡椒果实不同成熟度的产量差异 [J]．热带作物研究（3）：48 - 49.

林鸿顿，邢谷杨．1986. 修枝对胡椒产量的影响 [J]．热带作物科技（6）：84 - 85.

林鸿顿，邢谷杨．1989. 胡椒矮柱密植栽培的研究 [J]．热带作物学报，10（1）：43 - 48.

林日甫．2007. 海南胡椒产业可持续发展对策探讨 [J]．中国热带农业（3）：13 - 15.

刘进平，邬华松，杨建峰．2009. 国内外胡椒品种评述 [J]．中国热带农业（1）：49 - 52.

吕玉兰，黄家雄．2005. 胡椒抗死株栽培技术 [J]．云南农业科技（2）：29 -30.

王会芳，肖彤斌，谢圣华，等．2007. 6 种杀线剂对胡椒根结线虫病的防效 [J]．农药，46（11）：783 - 784.

邬华松，杨建峰，林丽云．2010. 中国胡椒研究综述 [J]．中国农业科学，42（7）：2469 - 2480.

邢谷杨，林鸿顿，林道经，等．1991. 胡椒园椰糠覆盖研究 [J]．热带作物研究（2）：21 - 25.

邢谷杨，林鸿顿．1997. 胡椒干物质和主要养分含量研究 [J]．热带作物学报（1）：42 - 45.

邢谷杨，邬华松，林鸿顿．1995. 胡椒不同摘叶间隔期产量效应的研究［J］. 热带作物研究（3）：24－27.

邢谷杨，朱红英. 1998. 胡椒果实的生长规律及其在不同发育阶段的养分含量研究［J］. 热带作物学报（4）：52－54.

邢谷杨．1987. 不同摘叶程度对胡椒产量的影响［J］. 热带作物研究（2）：43－45.

邢谷杨．1989. 胡椒主蔓的分枝习性与剪蔓［J］. 热带作物研究（1）：33－35.

邢谷杨．2005. 我国胡椒产业发展策略探讨［J］. 广西热带农业（3）：14－16.

邢谷扬．2007. 胡椒抗旱减灾技术措施［J］. 广西热带农业（4）：25.

杨建峰，邬华松，孙燕，等．2010. 我国胡椒产业现状及发展对策［J］. 热带农业科学，30（3）：1－4.

鱼欢，邬华松，闫林，等．2010. 胡椒栽培模式研究综述［J］. 热带农业科学，30（3）：56－61.

张华昌．1993. 结果胡椒的养分需求与施肥量的估算［J］. 热带农业科学（2）：18－25.

张华昌．2002. 胡椒养分与施肥模式的研究［J］. 云南热作科技，25（1）：10－15.

张慧坚．2007. 世界胡椒业发展［J］. 世界农业，9：26－32.

郑品梅，邹纲明，李彦威．2007. 胡椒油研究进展［J］. 食品科技（1）：25－28.

郑维全，谭乐和．2000. 胡椒对胡椒瘟的抗性测定［J］. 云南热作科技，23（3）：38－39.

郑维全，谭乐和．2001. 胡椒抗瘟性测定方法研究［J］. 云南热作科技，24（4）：33－35.

郑维全，邬华松，谭乐和，等．2010. 影响胡椒连作主要因素与防控措施［J］. 热带农业科学（10）：13－17.

郑维全，张籍香，邬华松．1998. 3 个胡椒种质主要性状鉴定评价［J］. 热带农业科学（4）：3－6.

郑维全．2002. 高温干旱地区幼龄胡椒园间种荫蔽树的作用与方法［J］. 云南热作科技，25（3）：41.

郑维全 . 1999. 海南野生胡椒种质资源及利用［J］. 广西热作科技（4）：13.

郑维全 . 2000. 海南胡椒产业化发展的思考［J］. 云南热作科技，23（2）：33 - 41.

郑维全 . 2006. 海南胡椒杂交种质主要农艺性状观测［J］. 广西热带农业（4）：33 - 34.

中国热带农业科学院，华南热带农业大学. 1998. 中国热带作物栽培学［M］，北京：中国农业出版社 .

邬华松，宗迎，谭乐和，等 . 2009. 胡椒初加工技术规程 . 海南省地方标准（DB 46/T 175—2009）.

邬华松，张华昌，杨建峰，等 . 2011. 胡椒叶片营养诊断技术规程 . 海南省地方标准（DB 46/T 206—2011）.

图1-1　管理良好的胡椒园

图3-1　可移植的胡椒幼苗

图3-3　适宜切取种苗的胡椒植株

3-4　不宜切取种苗的胡椒植株

图3-5　室内育苗沙池

图3-6　育苗过程——幼苗摆放

图4-1　防风林

图4-2　排水沟

图4-3　喷灌设施

图4-8　荫蔽、淋水

图4-10　覆盖

]4-11　中小胡椒绑蔓

图4-14　摘花

图4-15　摘叶

图4-16　封顶胡椒绑蔓

图5-1　胡椒瘟病感病叶片

图4-17　培土

图5-2　胡椒瘟病感病椒头

图5-3　胡椒细菌性叶斑病病叶

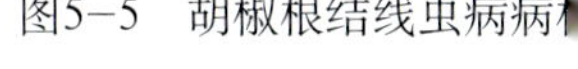

图5-5　胡椒根结线虫病病

部分叶片表现症状

植株矮小

图5-4　胡椒花叶病的两种症状

图5-7　胡椒炭疽病病叶

图5-8　胡椒根腐病整株症状

图5-6　胡椒根结线虫病整株症